深层认知

深层洞悉事物的商业规律

（全新升级版）

水木然 ◎ 著

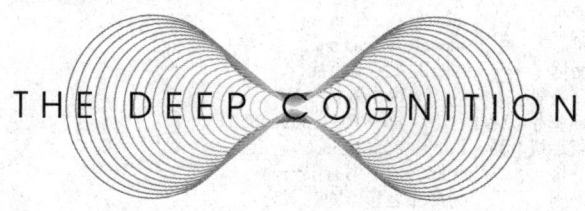

图书在版编目（CIP）数据

深层认知 / 水木然著. —— 成都：四川人民出版社，2023.6
ISBN 978-7-220-13085-4

Ⅰ.①深… Ⅱ.①水… Ⅲ.①思维方法 Ⅳ.①B804

中国国家版本馆CIP数据核字(2023)第060212号

SHENCENG RENZHI
深层认知
水木然 著

出 版 人	黄立新
出 品 人	武 亮 刘一寒
策 划	郭 健 石 龙
责任编辑	陈 纯
特约校对	王洪钦
产品经理	刘一寒
装帧设计	末末美书
责任印制	周 奇
出版发行	四川人民出版社（成都三色路238号）
网 址	http://www.scpph.com
E-mail	scrmcbs@sina.com
新浪微博	@四川人民出版社
微信公众号	四川人民出版社
发行部业务电话	（028）86361653 86361656
防盗版举报电话	（028）86361653
照 排	天津书田图书有限公司
印 刷	天津光之彩印刷有限公司
成品尺寸	145mm×210mm
印 张	8.75
字 数	165千
版 次	2023年6月第1版
印 次	2023年6月第1次印刷
书 号	978-7-220-13085-4
定 价	52.00元

■版权所有·侵权必究

本书若出现印装质量问题，请与我社发行部联系调换
电话：（028）86361656

序言

认知突围

未来，人和人最大的差别，是认知的差别。

固定资产是传统时代的核心资本。而在固定资产中，土地是最重要的资本。人类因为土地而划分出不同的阶层，土地资本包括房子以及房子派生出来的户籍等。

认知是未来社会的核心资本，随着物质世界的极大丰富，无形的东西越来越能主导有形的东西，认知就是未来社会的精神高地。

认知就像一座监狱，我们的思维被牢牢地禁锢其中。思维被禁锢，视野就会变得狭隘，判断力和行动力也都深受影响。

而认知一旦被打开，思维就会彻底打开，这样，人不仅可以看到一个更加透彻、真实的世界，还可以轻而易举地引领大众。

因此，在未来，不同认知的人将处于不同的维度，高认知的人将管理低认知的人。

你所赚的每一分钱，都是你对这个世界认知的变现；你所亏的每一分钱，都是因为对这个世界认知有缺陷。

你永远赚不到超出你认知范围之外的钱，除非你靠运气，但是靠运气赚到的钱，最后往往会由于实力不足而亏掉。

这个社会最大的公平就在于：当一个人的认知不足以驾驭他所拥有的财富时，这个社会有100种方法收割他的财富。

掌控未来世界的，是一群高认知的人，他们不仅控制商业的未来，也掌控了生命的未来。包括大数据在内，都是他们保持高认知的工具。

未来的世界由多个平行世界组成。不同认知的人，将成为不同的"物种"，生活在不同的世界里，大家擦肩而过。

当然，高认知的人，会利用掌握的资源和工具，不断更新自己的认知，不断宣扬自己的合理性，从而时刻占领人类的精神高地。

如果一个人的认知处于底层，又不善于学习，那么人生将毫无希望。

认知突围，是一个人立于不败之地的根本，也是人生逆袭的绝佳途径。

目录

第一章 规 律

不要迷信 003

房子和股市 010

九大守恒定律 015

世道规律 020

四大天规 027

一眼看穿本质 030

正确看待才华 035

第二章 商 业

十大商业逻辑 041

阿里巴巴和腾讯的区别 049

会员制 055

降维打击 062

利润接近零 069

商业5.0时代 075

商业版图的改变 085

商业的操作系统 093

商业的流体化 099

直播经济 103

赚钱的逻辑 108

第三章 思 维

产品思维 119

成全思维 123

断点思维 127

防止骗局 132

放下思维 136

故事思维 140

灰度思维 144

混沌思维 149

讲理思维 151

精进思维 154

精神挑战 158

留量思维 160

破局思维 163

认知坐标 166

五大思维 169

要有"以多胜少"的思维 175

赚钱的六个层次　179

做事的三个层级　183

第四章　人　性

人性的十六个误区　189

吵架的原理　193

低级的好人　198

管理的精髓　202

灵魂伴侣　208

内心强大的二十六个特征　212

人的能力结构　215

人的三个层次　220

人生的加减乘除　223

人生是一场修行　227

人生有两次失败　231

送人玫瑰　234

养生修心　238

战胜自己　242

智商过剩　248

赚钱是修行　252

自我管理　255

度你身边的人　260

人生"三不争"　264

做一个好人　267

第一章

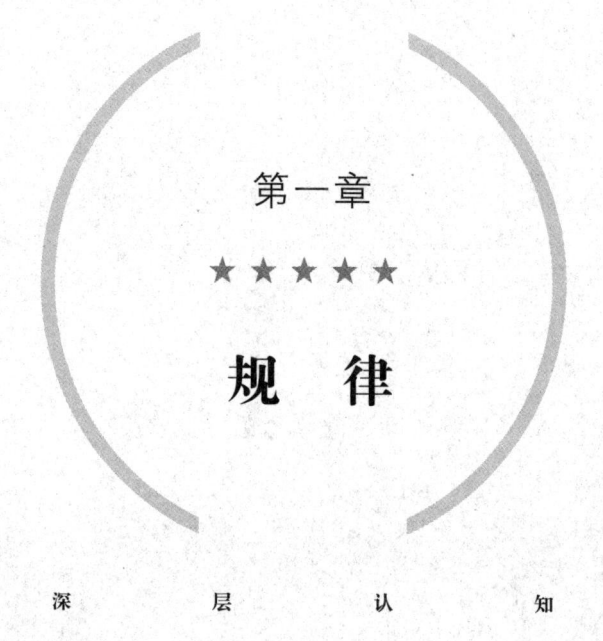

★ ★ ★ ★ ★

规 律

深 层 认 知

不要迷信

一

现在社会上有很多人喜欢算命、看八字，相信风水，动不动就找"大师"问一下，他们甚至还把《易经》当成算卦的书去研究，越来越迷信。殊不知有这样一句至理名言："知《易》者不占，善《易》者不卜。"

《易经》根本就不是算命的书，而是让我们看透万物发展规律的书。真正看透《易经》的人，也就是掌控了宇宙之间变化规律的人，他们从来不会去占卜，更不会算命和相信风水。

为什么呢？

先从我亲身经历的一件事说起。大概三年之前，有一位很厉害的"大师"，曾给我好几个朋友算过命。我那些被他算过命的朋友，都说他算得非常准，因此，他在我们这个圈里很受认可，但是我从来没让他算过。

有一天，他忽然给我打电话，说他上次见完我之后，看了我最近的运势。我就好奇地问他看到了什么，他便跟我说了很多我接下来要发生的事情，大概意思就是说要小心，生活、工作等都不是很顺。

他说了以后，我还真有点紧张，毕竟大家都很相信他。按照大多数人的反应，估计马上就会问大师接下来该怎么办、能不能消灾之类的，然而我转念一想，我没做过亏心事，也没害过人，如果真的要经历这些，那也是命中注定的，就只能当成是一次困难，所以我并没有求他帮我破解。

现在两三年过去了，事实证明，他说的那些事并没有发生。

以上是我的亲身经历，我现在总结了一下：如果能堂堂正正地做人，遇事就不会心虚，即便这个世界有一些我们不知道的力量，也丝毫影响不了我们。因为我们只是普通人，只需要做好普通人该做的就好了，其他的和我们没有关系。

人行人事，人有人道，怕什么鬼神？信什么风水？堂堂正正地做人，身正不怕影子斜，不做亏心事，不怕鬼敲门。

而当一个人心虚的时候，就会开始迷信邪术，才会对那些乱七八糟的东西深信不疑。当他获知一些信息的时候，也就得到了一些心理暗示，这时假的也变成真的了。

王阳明说："此心光明，亦复何言？"光明正大地做人，就不用担心任何东西。内心光明的人，是不会相信邪术的。

二

为什么所谓的命运完全就是一种假象呢？

如果我们从科学的角度来探讨这件事，就比较有意思了。我们先来研究一下世界上最神秘的物质——光。

人们对光的本质的认识一直存在争论，争论的焦点就是：光的本质究竟是"波"还是"粒子"？包括牛顿、爱因斯坦在内的很多大科学家都曾为这个问题争论不休。

小孔成像的实验证明光沿直线传播，它是粒子；双缝干涉的实验证明光可以衍射，它是一种波。最后，争论以科学界认定光具有"波粒二象性"而告终。但是，一种物质怎么可能既是这个又是那个呢？这显然是不符合常理的。

但正是这个伟大的悖论，促成了20世纪人类最重大的科学成果——量子力学的诞生。

量子力学为什么可以解释光的本质呢？

这就跟观察者的介入有关了：当观察者从粒子的角度去检测光的时候，它就是粒子；当观察者从波的角度去检测光的时候，它就是波。也就是说观察者的介入，让事物的状态从不确定变为确定。

最后的结论就是：光是波还是粒子，不是由它本身的属性决定的，而是由你的意识决定的。

还有一个概念叫量子坍缩。大致可以这样理解：处于某种状态的物质，当有观察者介入的时候，它的状态就会立刻发生坍缩。也就是说，当你看清它的时候，它就不再是它了。

光的本质也可以这样理解：观察者的介入使光发生了"量子坍缩"，根据观测者的不同，它就变成"波态"或者"粒子态"。

原来，意识也可以决定物质。

三

光的确是一种很特别的物质。

我们需要明白，这个世界上有很多物质是看不见摸不着的，但这并不代表它不存在，如电、电磁波、磁场、电场等，其实早就和我们如影随形。

所谓大象无形，这些无形的东西我们看不见摸不着，却又无处不在，我们要对它们充满敬畏之心。

这个世界上如果有我们看不到的东西，我们只要敬畏它们就可以了。

如果可以去窥探自己的命运，从而求福避难，那么这个世界上的好事就来得太容易了，大家都不需要奋斗了，每天排队等着高人给自己算命、指点前程，并帮自己逢凶化吉就好了。

即便你窥探了自己的命运，我相信它也会立刻发生坍缩，你所看到的命运就不成立了。

事物永远都在变化，试图描述变化中的事物就像刻舟求剑。《易经》是什么？是从万变中找不变，因为只有规律是不变的。但是，这规律一旦被总结出来，成了固定的，又会因为观察者的介入而发生坍缩。

因此，老子说："道可道，非常道。"意思是：凡是能用语言表达出来的道理，都不是永恒的道理。

老子还说："名可名，非常名。"意思是：凡是能够被描绘出来的解释，都不足以描绘事物本身，都是词不达意的。

命运，简直就像是上帝给人类设置的一道枷锁。你每出一招，就会被另一招反克。它说立就立，说塌就塌。因此，被算出来的命运，其本身就不成立。

所以，那些喜欢遇事就算的人，结果往往事与愿违。不仅喜欢"算命"的人如此，喜欢"算计"的人也如此。

人有千算，天则一算。人类所有的算计，不过是自己给自己设的局。

四

那是不是说我们就应该坐以待毙，时刻听天由命呢？

不是。真正看懂《易经》的人都明白，能从万千变化中找到不变的规律，这只是第一步。最重要的是第二步：要以不变的规律为标的物，达到不易之心，如如不动。

不易之心，就是恒心。《易经》是用来修心的，而不是用来算卦的。

有了高层次的心境之后，面对一切变化都能坦然处之，将人生的每种境遇当成炼心的过程。人生中的每一件事都有其意义，心至善至纯，则无一物不善，无一事不净。

孔子在《易经·文言传》里说："夫大人者，与天地合其德，与日月合其明，与四时合其序，与鬼神合其吉凶。先天而天弗违，后天而奉天时。天且弗违，而况于人乎，况于鬼神乎？"

其意思是：真正的开悟者，可以和天地同转，和日月同辉，和四季同时，和鬼神同灵。这说的也是开悟的状态，跳出三界外，不在五行中。

人一旦到了这种层次，还需要求神问鬼吗？还需要占卜吗？

算命就像玩游戏，你是游戏里的主角，一直想知道哪里有怪，哪里有宝……

而修心像什么呢？它就像有一天你忽然发现自己不再是游戏里面的主角，而是玩游戏的那个人。

生活的本质就是一场修行，福分不是算出来的，更不是求出来的，而是靠自己的历练修出来的，所有试图依靠外力来改变自己命运的行为注定都是徒劳的。

命运，只不过是强者的谦辞，弱者的借口。

在一个人的心性和格局修出来之前，平白无故地接受福报是有祸患的。

一个人若学会了修心，总有一天能顺应万境。

最后送给大家几句话：

1. 人行人道，什么鬼啊神啊，和我们这些凡人没有任何关系。

2. 堂堂正正做人，不做亏心事，就没有任何鬼神能奈何得了你。

3. 内心强大，一心向善，就没有任何风水能妨碍得了你。

4. 此心光明，心至善至纯，则无一物不善，无一事不净。

房子和股市

如何看待"楼市"和"股市"的问题？其实，如果能从人类文明的发源解读这二者，就能看透其本质了。

地球就像一个太极，有两种力量在维持它的运转。这两种力量就是两种文明：东方文明和西方文明。这两种力量互相支撑和较量，是人类发展的两种驱动力。

东方文明发源于农业，属于农耕文明，中国是东方文明的代表者。西方文明发源于海洋，属于海洋文明，美国是西方文明的代表者。两种截然不同的文明，造就了人们行为和思维的差异。

生活在农耕文明下的中国古人，每天都要看天吃饭，他们仰观宇宙之大，俯察虫、鱼、鸟、兽，渐渐地就总结了很多自然规律，所以就有了《周易》，有了《道德经》，有了中国本土宗教道教，这些其实都是对宇宙规律的认知。

农耕文明特别讲究稳定性，人的幸福感都来自稳定：冬暖夏凉,春播秋收,这些都是按部就班的事。人们对各种变化悉数了然于心。

农耕文明也特别讲究秩序性,儒家文化能在中国影响如此久远,是因为儒家的本质就是在讲述社会秩序。

公共性、稳定性、秩序性就是农耕文明最大的特点,它讲究和大自然的和谐统一。由于中国具备优越的自然生存环境,人们可以在其中安居乐业,所以农耕文明持续了几千年。

海洋文明最大的特点是流动性。由于海洋是望不到边的,所以海洋文明充满了各种不稳定性。它的原始驱动力就是海外扩张,以大航海时代为起点,从最开始的西班牙、葡萄牙,到英国、法国,再到美国,都在走海外扩张路线。

海洋文明经常被洗牌,它有一种与生俱来的危机感,它更相信眼前看到的东西。

由于海洋文明具有流动性,契约精神就产生了,否则社会就容易出现无序性。契约精神就是各方利用条款互相制衡,使社会呈现出一种有序的状态。

比如,在《圣经》中,耶稣诞生之前,上帝就与人类订立了"旧约",如伊甸园之约、彩虹之约、摩西之约等。耶稣降生之后,上帝又与人重新确立了"新约",无论新约还是旧约,都是一种约定,是一种契约。

在西方社会,就连神都需要和人类共同遵守各种"约定",

神也无法高于契约，可见这种契约精神的至高无上。有了契约就产生了信用，进而产生了资本，可见契约精神就是西方文明的基石，在西方文化传统中根深蒂固。

这就是东西方文化的最大差异：中国人尊重规律、天道，西方人相信神与人立约。如果参透了这一点，就能看明白不同民族之间的行为差异了。

但是，万物负阴而抱阳，事物往往是阴中有阳、阳中有阴的。这两种理念也不是绝对对立的，而是你中有我，我中有你。

比如，中国在讲究稳定的同时，也在不断地洗牌，人们永远都有上升的通道，比如高考和创业。

西方在崇尚流动的同时，也在不断谈家族和传承。西方很多家族可以延续十几代，这就是一种稳定性。

弄懂了上面的分析，这时我们再来看一下"房市"和"股市"，就会有更加有趣且深刻的发现：股票，即动产，是海洋文明的产物，它促进社会财富不断流动；房子，即不动产，是农耕文明的产物，它让人们安居乐业。

股市，在自由经济市场下才可以健康成长。美国作为海洋文明的代表，集合了海盗、西部牛仔、犹太人等各种人，建立了一个具有流动性的国家，形成了一个自由经济市场。所以，股市不仅是美国财富的承载，也是美国经济的晴雨表。

中国作为农耕文明的代表，有几千年的农耕思维（安居乐业）做基础。历史观念源远流长，房子捆绑了户籍、教育、医疗等各种福利，楼市成了财富水库，趋向于稳定而不是流动。所以，房市不仅是中国财富的承载，也是中国经济的晴雨表。

再打个比方，为什么茅台酒会越来越值钱，而苹果手机却一天天在贬值？因为茅台酒也具备房子的部分特征：不过时、放不坏、稀缺等。手机却在不断更新换代，系统不断更新，它经不起外界变化的冲击，因此也就无法承载人们长久的信任。

中国农耕民族的习性和文化，决定了中国人将财富大量放在楼市、土地、红木、瓷器、字画、储蓄等实物和文化资产上。

同样的道理，为什么很多人看不透中国房价趋势呢？因为大多人的经济知识，都是西方的经济理论。用西方经济的逻辑去分析中国楼市，当然错误百出，甚至会认为这是怪胎。

我们必须从文明发源处去看楼市和股市，才能看透其本质。

对于中国来说，楼市是财富的蓄水池，股市就像开闸放洪的水。随着财富的增加，蓄水池（房市）的水位也会不断增高。当水位即将到达上警戒线时，就要开闸泄洪，放水灌溉一下社会；当水位低于下警戒线时，就需要继续蓄水。

两害相权取其轻。如果两者同时面临问题，我们宁可给蓄水池增加水，让水溢出，也不会放水，以免洪水泛滥。

那么，中国房地产究竟该何去何从？相信大家已经有了自己的答案。

现在的问题是，我们不能只有一座大水库（房市），我们应该修建更多的蓄水池，让它们协同工作，这样更有利于维持社会的秩序性和稳定性。

我们在中国生存，就必须读懂中国独特的文化和生存模式。几千年的农耕思维在中国这片土地上形成了一套独有的生存逻辑和秩序，我们只要看透其本质，一切就迎刃而解了。

九大守恒定律

为什么有人很聪明,却总是一事无成?为什么有人赚了很多钱,最后钱却都散去?为什么有人身怀名利,却郁郁不欢?

人生起起伏伏,千变万化,但是,再多的变化总藏有不变的人生,是有规律可循的。下面这九大定律,远胜过一切技巧。

一、财富守恒定律

一个人最终拥有的财富值,取决于他对世界创造的价值总量。无论你曾遇到多大的机遇,财富达到多大量级,现实总能让你一贫如洗。无论你是少年得志、春风得意,还是生不逢时、怀才不遇,总有一个大转折出现,重塑你的财富。

你越想投机,前面的埋伏就越多。

因此,财富守恒。

二、聪明守恒定律

一个人的聪明程度,取决于他能把多少智慧用在正道上。

真正有智慧的人,都明白天道酬勤,都在默默下苦功夫。

如果一个聪明人,总想投机取巧或者寻找捷径,他必将遭遇惨败。

你越是聪明,越需要下笨功夫。

因此,聪明守恒。

三、快乐守恒定律

一个人的快乐程度,取决于他分享了多少。

它和你占有多少没有必然关系。

因为每当你从外界获取了一分,你被推向对立面的机会就增加了一分。

只有当你学会了给予,你才能收获快乐。

你越想通过占有获得满足感,你就越得不到满足感。

因此,快乐守恒。

四、自由守恒定律

一个人的自由度,取决于他知道多少自己不能干的事。

一个人把禁区看得多清晰,他的自由范围就有多大。

"自律"才能衍生自由。

凡是让你爽的东西，一定也会让你痛苦。

你越想胆大妄为，无所顾忌，无形中的束缚就越多。

因此，自由守恒。

五、得失守恒定律

一个人能得到多少东西，取决于他最终敢于舍弃多少东西。

每一件得到的东西，都是用失去的东西换的。

一个人，如果什么都想得到，最后往往什么都得不到。

你越想得到，就越需要舍弃。

因此，得失守恒。

六、幸福守恒定律

幸福，取决于一个人能否正确看待自己和世界的关系。

这个态度的合理指数，决定了一个人的幸福指数。

人生的幸福指数，只会随着这个态度的端正而提升。

它和你的财富、名声、权力没有必然关系。

不管你赚了多少钱，爬到多高的位置，你其他方面的幸福程度都会相应减少。

你越是选择增加它，越需要在其他方面补偿它。

因此，幸福守恒。

七、价值守恒定律

一个人的价值，取决于他能否正确地给自己定位。

这个定位的精确性，决定了一个人的价值增长空间。

所有的蛮力和固执，都不能提升你的价值。

它们只能让你更加清醒地认知自我。

人，要对真正的自己有所敬畏。

你越模仿和跟风他人，越容易失去自我。

其实，人生的进步大致可以分为两种方式：

第一种方式叫步步为营，一步一步地往前走，这需要我们耐住性子，不被浮躁的外界环境所影响。

第二种方式叫进三步退两步，即每前进三步就要退两步，其实还是一步一步往前走，但是，耗费了更多能量和精力。

大部分人的前进都在用后面这种方式，因为大家普遍焦虑、浮躁，总怕落后了，然而这种方式虽然消耗了三倍的能量和精力，实际进步的效率却并没有提升。

因此，价值守恒。

八、苦难守恒定律

苦难，是人生的基本属性。

每一个人这辈子吃苦的总量是恒定的，它既不会凭空消失，也不会无故产生。

它只会从一个阶段转移到另一个阶段。

或者从一种形式转化成另外一种形式。

每个人都会有对应的难题,每个阶段都有对应的难题。

你越是选择现在逃避它,越不得不在未来牺牲更大的代价对付它。

因此,苦难守恒。

九、人生守恒定律

人生,就是一场均值回归的过程。

均值是什么?

均值就是最本质、最有价值的地方,意味着最真实的部分。

无论你经历了多高的巅峰,无论你经历了多深的低谷,一切都会回到均值。

以上就是人生的九大守恒定律。

世道规律

时代日新月异,世界看似变幻莫测,但如果能掌握变化背后的规律,从万变中找出不变,就会发现:再大的风浪,再大的变迁,也不过如此。

先来看一个现状:2004年以来,北、上、深的房价上涨了十几倍,所以,凡是在一线城市能有立足之地的,无论能力多么平庸,很多都是千万富翁。

再换一个角度看:2004年以来,不少制造业企业的日子越来越难,企业家曾拥有亿万身家,今天却负债累累。

同样的时代,同在一个国度,同样经历十几年,有人平步青云,有人却跌落谷底。

这究竟是为什么?

研究了几年之后,我得出了这样一个结论:我们身处一个跌宕起伏的大时代,短短十几年却经历了一个大周期。凡是踏准了周期节点的人,都被送到了浪潮之巅;凡是一脚踏空的人,都被巨浪掀翻。

这跟你的智商、你的天赋以及勤奋的程度没有任何关系。千万别再说你很努力、很勤奋。要知道,在一个各种变化不断来袭的时代里,我们就像是在大浪里航行的船,面对汹涌的波涛,我们无论多么拼命地划船,其作用都微乎其微。

人和人的命运确实有很大不同,有的人顺风顺水,有的人艰难坎坷。之所以有这种差别,更大程度应该归结于一个人能不能借势发力。

我们再来看看宇宙的样子吧,它就像一个大旋涡,可以看成一股正在旋转的能量。

它蕴含着巨大的"势能",如果我们能顺应宇宙的能量一起运转,就是顺势而为,就可以"坐地日行八万里"。而如果我们的方向和宇宙大势的方向相反,必定会在无形中受到很大的阻力。

这种无形的力量就叫规律,它是宇宙的势能,也是一股股时代发展的浪潮。

在时代规律面前,我们真的很渺小,我们的想法、我们的努力、我们的牺牲,根本不值一提。

我们就像时代洪流中的一叶浮萍,我们的命运轻如鸿毛。无论你多么才华横溢,无论你多么拼搏上进,都无法逆转这个巨大的规律旋涡。

很多人说，活着就是为了改变世界，而现实情况却是：世界有它自己的客观规律，没有人能改变世界。

世界潮流，浩浩荡荡，顺之者昌，逆之者亡。

大多数人只适合埋头做事，这叫谋事；一部分人学会了见机行事，这叫谋时；极少数人善于审时度势，这叫谋势。

举两个例子来说明。现在流行的新能源电动车，早在1881年就被发明出来了，比卡尔·本茨发明的汽车还要早五年。然而直到一百多年后的今天，特斯拉的出现，才让人们对电动车燃起热情，还说这是新能源。

人们把特斯拉的创始人马斯克奉为英雄，却对一百多年前发明电动车的人毫不知情。这是为什么呢？因为汽油的能量密度远远高于电池，而且便于大规模运输，随着石油的大量开采，石油价格不断下调，石油取代煤炭成为历史潮流，而电动车由于当时技术不成熟，续航和充电的问题一直没得到有效解决，渐渐就无人问津了。

所以，一个人要想获得成功，一定要考虑自己所处的历史进程，要考虑整体的大环境，还要考虑所处时代的需求，而不是只顾埋头自己干。

再看一个例子。凡·高和毕加索，生活在同一个时代，二人才华横溢，职业都是画家，他们俩的命运却有天壤之别：凡·高一生穷困潦倒，有生之年只卖出过一幅画……最后他还自杀了。而毕加索活到了91岁，人生灿烂辉煌，有很多的豪宅和巨额现金，是史上最有钱的画家。

同样的才华，同样的时代，两人的命运竟然如此迥异，真的只是造化弄人吗？

究其本质，凡·高的作品不属于那个时代，他只顾自己的内心感受，过度沉溺于自己的世界。

而毕加索非常识时务，他懂得抬头看天，是一个很能认清自己所处时代的人。19世纪，西方的金融体系还不太完善，但毕加索已经学会了利用信用创造财富，他的一生印证了一句话：识时务者为俊杰。

北宋名臣吕蒙正有一篇奇文叫作《命运赋》。吕蒙正居丞相之高位审视人生，写出了如下绝妙的总结："蜈蚣百足，行不及蛇。家鸡翼大，飞不如鸟。马有千里之程，无人不能自往。人有凌云之志，非运不能腾达。"意思是：蜈蚣虽有上百只足，却不如蛇爬得快；雄鸡的翅膀虽很大，却不能像鸟一样飞行；马有日行千里的本领，没人驾驭不能到达目的地；人有远大的理想，缺乏机遇就不能实现。

汉将李广虽有射虎中石的威名，却终身都未获封侯；冯唐虽有治国的才能，却一生怀才不遇；韩信时运不济时，连饭都吃不上，运气一来就成为一代大将军，而运气衰败之后，又死于阴谋诡计。

有人先富后穷，也有人先穷而后富。

貌美的女子经常嫁给蠢笨的丈夫，俊秀的青年也经常娶到丑陋的媳妇；蛟龙没有机遇的时候，只能藏身于鱼鳖之间；君子没有机会时，只能屈从于人。

吕蒙正也这样反思了自己的命运：以前我在洛阳，白天到寺庙里吃斋饭，晚上住在寒冷的窑洞里，那时大家都说我卑贱，是我没有机遇啊。现在我入朝为官，官职做到最高层，位及三公，只在皇帝一人之下。别人都说我能力强，其实只不过是我的时运到了而已。

吕蒙正发出这样的感慨："人生在世，富贵不可尽用，贫贱不可自欺，听由天地循环，周而复始焉。"

既然按照规律办事可以成功，那么，这世间最大的规律是什么呢？

物极必反，盛极必衰，否极泰来。没有永远的强者，也没有永远的弱者。每个人的命运都是绝对公平的，只是每个人所处的阶段不一样而已。正所谓三十年河东，三十年河西，穷不过三代，富不过三代，就是这个意思。

这样的反复就是规律。在这一过程中，那些立于不败之地的人，往往都是恰到好处地掌握了规律拐点的人。他们在事物即将发生反转的那一刻选择收手，从而使自己人生的最高点永远都处于一种"似到未到"的状态,这才是一种大智慧。

比如范雎当退则退,曾国藩适可而止。

欲戴王冠,必承其重。水能载舟,亦能覆舟。

其实大部分人的成功都是时代的成功,或是时代助推的结果。没有个人的成功,只有时代的成功。"时来天地皆同力,运去英雄不自由。"

然而,有很多富人总以为自己成功了就是大功告成了,他们开始高枕无忧、不思进取,越来越贪婪,不懂感恩时代,不懂得及时反哺社会,等待他们的很可能是灾难。

虽然大众的品位也许不高,但大众在大是大非面前从来不会犯错。

诚然,大众总有不理性和不成熟的一面,甚至爱看热闹,爱起哄。但不可否认的是,芸芸众生总能酝酿出一股股正气,永远都蕴含着邪不胜正的理念,这一点从未出过错。

很多故事的结尾总是为富不仁的富人被查处,正直善良的草根逆袭成功,这就是一股无形的力量,推动着社会前进。

最后做个总结,人的成就究竟是从哪里来的?

我认为都是修出来的。一个人要想永远立于不败之地,唯有不断加强自己的人品修养。

就像《命运赋》里的一段话:"时遭不遇,只宜安贫守分;心若不欺,必然扬眉吐气。初贫君子,天然骨骼生成;乍富小人,不脱贫寒肌体。"

意思是:时运不好的时候,只要踏实努力就好了;不卑不亢,总有一天会有所成就;心中坦荡的人,即便贫穷也会有浩然正气;一时得志的小人,永远摆脱不了猥琐的形态。

世界变幻莫测,若想立于不败之地,就必须正直而善良,懂得感恩,辛勤耕耘,扎扎实实地去创造。

未来的时代,只埋头拼命是不够的,"广结善缘"比"埋头苦干"重要,"心态端正"比"顽强奋斗"重要。

四大天规

一、一个人的名声不能大于才华

一个人的名声,千万不可大于自己的实力。一旦你的名声大于实力,就是名不副实,就会有灾难。

互联网时代,很多人都追求名声和影响力,因为有了名声好办事,还会被大家推崇。但是,当一个人的才华配不上自己的名声时,也就意味着他在享受和利用超出自己学识之外的资源。这就是在透支自己的积累。当一个人的积累透支完毕,灾难自然就来了。

所以,当我们的名声不断提升时,我们一定要不断提升自己的实力,并且提醒自己:实力提升的速度,要超过名声提升的速度,只有这样才能走向更大的成功。

二、一个人的财富不能大于功德

一个人的财富,千万不可大于自己的功德。一旦你拥有的财富大于自己的功德,就是在投机取巧,就是不劳而获,投机取巧必招灾。

中国人自古讲究一分耕耘一分收获,我们所能拥有的财富,都是靠我们创造的价值转化而来的。然而这些年来,越来越多的人本末倒置,为了赚钱不择手段。当一个人的功德配不上自己的财富时,就会发生不好的事情。

所谓厚德载物,唯有厚德才能配得上相应的财富。

三、一个人的地位不能大于贡献

一个人的地位,千万不能大于自己的贡献。一旦你的地位很高,贡献却无法与之相匹配,必然会引起周围人的不服、妒忌,甚至算计。

在任何一个场合,被捧得很高的人,必定是这个场合里有巨大贡献的人。只有这样的人才能服众,才能得到众人的拥护,才能在位子上坐得安稳。

然而很多人为了往上爬,不择手段,他们同流合污,蝇营狗苟,却从不思考自己的贡献够不够。这种人即便可以一时得逞,也总有一天会被扯下来。

四、一个人的职位不能高于能力

一个人的职位,千万不能高于自己的能力。一旦你的职位过高,而能力还不够的时候,就意味着你在行使能力之外的权力,那必然会给自己的坍塌埋下伏笔。

很多人都追求位高权重,却不善于学习和提升自己的能力,这是一件很危险的事。我们千万不要试图驾驭超出自己能力的事。这时,你的每一个行为和指令都是有偏差的,偏差累积到一定程度就会把自己给埋了。

一眼看穿本质

《教父》里有句话影响了很多人:"花半秒钟就看透事物本质的人,和花一辈子都看不清事物本质的人,注定是截然不同的命运。"

的确,在现实生活中,无论是社交、恋爱,还是创业、投资,谁能一眼看穿全局,谁就能主导全局。

首先,什么是一眼看穿本质的能力?

举个例子:人类自古以来就有飞翔的梦想,在飞机发明之前,无数人尝试过飞翔,但都没有成功,为什么呢?

在当时的很多人看来,人要想飞起来必须得有翅膀,因为那些会飞的动物基本都有翅膀,所以很多人认为,飞翔的本质是"有翅膀"。

于是,这些人就模仿翅膀的模样,给自己装上翅膀,然后从高处往下飞,显然从来没有成功过。

直到有一天，有人发现了翱翔的本质根本不是有翅膀，而是利用翅膀去借助气流的力量。

后来人们发明了飞机，飞机的飞行原理是：物体在快速前行的时候，流体的流速越大，其压强越小；流速越小，其压强越大。

飞机机翼的形状，可以使通过它机翼下方的流速低于上方的流速，从而产生机翼上、下方的压强差（即下方的压强大于上方的压强），因此就有了一个升力。

这就是本质，当人类真正看穿飞行的本质时，才能真正地飞起来。

任何事物都有表象和本质之分，大部分人只能看到事物的表面。因此，只有看透事物的本质，才能彻底掌控整个事物。

世界上真正的高人，都有一眼看穿本质的能力。

如何训练这种能力呢？

第一个关键问题：你要善于找到某一领域的节律。

这个世界上，所有东西都是有节律的。所谓节律，就是节点和规律。

你要善于找到事物的节点和规律。踏准节点、把握规律，是一项很重要的本领。

那些掌握某一个领域节律的人，都是非凡之人。

声音有节律，掌握声音节律的人是歌手、钢琴家等；

色彩有节律，掌握色彩节律的人是画家、设计师等；

文字有节律，掌握文字节律的人是小说家、散文家、诗人等；

运动有节律，掌握运动节律的人是足球明星、游泳冠军等；

生命有节律，掌握生命节律的人是养生家、医学家等；

社会有节律，掌握社会节律的人是政治家、经济学家、哲学家等；

商业有节律，掌握商业节律的人是投资家、企业家等。

如何找到事物的节律呢？

有一个很管用的办法，就是你找到这个领域最经典的100个成功案例，反复探索和钻研，不断总结其中的共性和特性，就能悟出其中的节律。

比如，你是创业者，你可以找100个最经典的创业成功案例，反复对比他们的创业过程，看看有哪些共性。

比如，你是一个写歌的人，你可以找出100首最经典的音乐，反复去听，看看它们的音律有没有相通的地方。

你要进行大量的对比，因为只有量变才能引起质变。当你感知到这些案例的共性和个性的时候，规律和本质往往就自己显现了。

读书破万卷，下笔如有神；熟读唐诗三百首，不会作诗也会吟。其实都是这个道理。

但是，记住了，必须是经典作品，因为经典的东西都是经过时间检验的，越经典越接近本质和规律。

第二个关键问题：你要找到不同领域之间的共同规律。

当不断地发现一个个领域的规律时，渐渐地，你会拥有一种本领，那就是当你精通某一个领域的规律之后，会发现自己很容易理解其他领域的规律。

恭喜你，你正在接近世界的本质、真相。

此刻，你应该不断锻炼"化繁为简"的能力，遇到事情的时候，要善于拨开繁乱的外表，直探它的本质。

解决了问题的本质，就解决了事情的主要矛盾。

然后，你会发现身边每天都在发生的很多事，看似千差万别，似碎片般凌乱，但总是有很多相通之处。

的确，很多复杂的事情，本质上都是简单的，且相通的。

很多事，其实都是一件事。由一滴水而看到整个大海，是学习的最高境界。

境界高的人总是一通百通。"化繁为简"也是很重要的能力，它能让我们更好地归纳和总结。这个习惯经常会让我们事半功倍。

第三个关键问题：你要从万变中找不变。

当你对万事万物的变化规律悉数了然于心的时候，你看到的不再是千变万化，你看到的都是不变。

比如，无论商业模式如何千变万化，但人性是不变的，商业模式都是围绕不变的人性展开的。

万变不离其宗。别人关注变化，你只关注不变。无论事物怎么变化，你总能看到其中不变的东西。此刻，你已经跳出三界外，不在五行中。

宠辱不惊，看庭前花开花落；去留无意，望天上云卷云舒。

不过最后，我还是忍不住想提醒一下你：人生最难得的，不是你翻山越岭之后看到了真正的风景；人生最难得的，是当你一览众山小之后，还能守住那颗初心。

正确看待才华

木心说:"过多的才华是一种病,害死很多人。"

我见过无数有才华或者有理想的人,他们无一不活得很痛苦。

他们不愿向世俗妥协,不愿苟且偷生,却又被夹在世俗和理想之间,被折磨得死去活来。

其实在这个时代,一个有才华的人如果想生活得很好,真的很容易,那就是向世俗妥协,承认自己就是一个俗人,做一个俗不可耐的人。

但问题的关键是,有才华和情怀的人,极少有愿意向世俗低头的。他们根本不愿意去讨好那些不懂他们的人。

他们不愿意过普通人习以为常的生活,他们高傲又清高,总是力图改变环境,甚至改变世界,就是不愿意附和现状。

我们再回过头来看一下,绝大部分人的痛苦,都来自身边的人对自己的不理解，他们总以为自己才高八斗、曲高和寡，所以孤独。

事实上，这往往是人性使然，因为人性有一种基本属性，那就是对自己的认同感，以及对外界的排斥感：每当遇到不合自己心意的人或者事，大脑就会搜集一切线索去证明他们是错的，只有自己才是最正确的，这就是人类的傲慢与偏见。

所以，很多人总以为是活在自己的才华里，实际上他们都活在自己的偏见里。这就是人生最大的真相。

很多人太容易把自己当回事了，越有才华的人，越容易把自己当回事。他们总以为天生我材必有用，总是太顾及自己的感受，殊不知才华也是一个人的枷锁。

一个人可以有才华，但如果一个人自认为很有才华，或者张嘴就谈才华，都不是真的有才华，因为半瓶水晃荡，一瓶水不响。

如果说平庸的人败在"懒"上，那么有才华的人易败在一个"傲"字上。大家观察下身边的人，是不是会发现，稍微有一点才华的人，就容易恃才傲物、自以为是、不近人情、远离众人。

所谓"下下人有上上智"，要使自己有"上上智"，往往得从"下下人"做起。然而，一个自认为"很有才华"的人是不可能做"下下人"的，他誓死也不愿和众人为伍。

其实，一个真正有才华的人，懂得"上下兼容"和"左右调和"。所谓"上下兼容",指的是对不同层次的人的包容性,他可以随时和各个层次的人同频。"左右调和"指的是他能在对和错之间找到最合适的点。也就是说,真正的才华是没有高低与对错的。

但是,一个人要想真正抵达这种智慧的境界,就必须学会放弃,低调不张扬,包括丢弃与生俱来的偏见,以及收敛天生的悟性和能力。

"天生丽质难自弃",要让一个有才华的人放下自己的才华,其实是很难的。所以有才华的人,就像天生背负了一个枷锁。所以,很多时候,我们真的不必把自己太当回事,因为人类本身真的很渺小。天使能够飞翔,是因为把自己看得很轻;鸟儿虽小,玩转的却是整个天空。能把自己看轻看清看透,才是真正的大智慧。

人一生有三次成长。

第一次是发现自己不是世界的中心。

想想我们刚懂事的时候,是不是有这样的心态,总会把自己想象成世界的中心,自以为担负着重大的使命,别人都是围绕我们转的?

第二次是发现自己不能改变世界。

当我们到了一定的年龄,就会发现自己不仅不是世界的中心,而且自己根本没办法改变世界。于是我们开始向世俗妥协,甚至认为世道不公。

第三次是认清现实后依然热爱世界。

当我们彻底成熟以后,不仅不会再埋怨,反而会开始接纳这个世界,发现这个世界的可爱之处,于是我们开始快乐地生活。人生最难实现的就是这个心境。

第二章

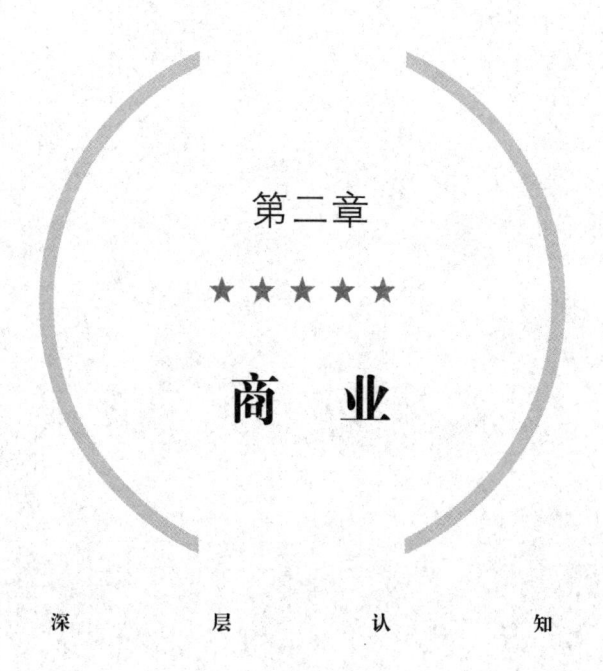

★★★★★

商 业

深 层 认 知

十大商业逻辑

一

中国经济的上半场[1]已经结束,下半场正在开启。

中国经济的下半场,有十大核心逻辑发生了重大变化。

紧握旧地图发现不了新世界,固守旧思维看不到明天的太阳。

要想在下半场如鱼得水,你必须读懂下半场的商业逻辑。

中国经济的上半场,商业的重心是"商品";中国经济的下半场,商业的重心是"人"。

上半场,所有的人都要围着产品转,于是就有了广交会、义乌小商品市场等这样的集会,四面八方的人都要拥过去找产品。商家也要想办法提高商品的利润率,降低商品的生产成本等。

下半场,只需坐在家里等着,产品会主动去找对应的消费

---

[1] 本书中的"经济的上半场"是指传统的经济模式、商业模式、管理模式等,而"经济的下半场"则指正在发生的、未来的、新型的经济模式、商业模式、管理模式等。——编者注

者，好的产品不仅会说话（营销），还长了腿（物流快递）。以前是人找产品，未来是产品找人，人和产品的位置开始互换。

经济重心正在从"以物为本"切换到"以人为本"。

原来是人随物动，未来是物随人动。

因此，未来我们必须学会经营人，人才是真正的财富；要善于聚合人，要懂得如何更好地运用群众的力量。"社群经营"将是各个企业必须学会的一堂课。

中国经济的上半场，有两大红利："人口红利"和"流量红利"。

"人口红利"针对的是制造业和房地产。

"流量红利"针对的是互联网行业。

上半场，是"跑马圈地"的时代，按人头数钱，就看谁抢的人多。

下半场，随着人口增长的放缓和流量成本的上涨，企业只剩一个出路：盘活存量。

也就是说，以前我们思考的是如何把客户从1000个发展成10000个，现在我们要思考的是如何把这1000个客户服务得更加深刻、细致，让他们离不开我们，并且让他们能"自我繁殖"。

二

中国经济的上半场，利润率决定企业的生死；中国经济的下半场，现金流决定企业的生死。

因为上半场的核心逻辑是赚差价。产品经过各个环节，每个环节都会加价再出货，所以现金流是层层加价的。这是一种侵吞关系，你的上下游环节究竟赚了多少钱你都不知道。

而未来，由于互联网的公开性，消费者有机会直接跟最上游的品牌方接触。于是，越来越多的消费者能够直接付钱给品牌方（最上游），这就导致现金只是从各种渠道方和服务方那里经过了一下而已。

那么这时渠道方该怎么赚钱？由最上游的品牌方拿到钱之后，再按照各级渠道的作用和服务，和大家一起分享利润。于是，品牌方和渠道方变成了一种合作关系，以契约条款为约束，井水不犯河水。

所以，你的利润都是由你提供的价值和服务决定的。当然，大家必须事先定下分成比例，签好协议，然后组建一个产品流通系统。

也就是说，传统单向、纵深的产业链，正在变成扁平、平台式的。未来，你所在的环节能产生多少价值、能赚多少钱，都是公开、透明的，而不像以前被捂着。

你的服务能力越强大、价值越大，能吸引的人就越多，未来流经你这里的现金流就会越多，你赚的钱也就越多。

043

三

中国经济的上半场，负债是一种资产；中国经济的下半场，负债是一种累赘。

上半场，我们经常说：千万不要把钱存起来，否则就是贬值。于是，我们通过债务加杠杆的方式去买资产，投资收益总是大于我们的劳动收益，靠钱挣钱越来越容易。

下半场，随着我们不断地借债，资产价格越来越高，大量资产泡沫必然会破裂。这时，谁的债务越多，谁就越可能面临爆仓的风险。

经济上行时期，债务是资产；经济下行时期，债务就是真正的债务。

从现在开始，我们必须踏实劳动，放弃各种投机主义。

四

中国经济的上半场，企业越做越宽；中国经济的下半场，企业越做越深。

上半场的企业是横向发展，即越做越大，涉及面越来越宽，因此企业越做就越容易展开"同质化竞争"。下半场的企业是纵向发展，即越做越精，挖掘度越来越深，这种变化将使行业越来越垂直，协作越来越完善。

于是，中国经济越来越细分，结构越来越周密，企业与企业之间、行业与行业之间的独立性越来越强,"差异化共存"成为商业主流。

五

中国经济的上半场,互联网革了实体经济的命;中国经济的下半场,互联网必须自我革命。

现阶段,无数互联网企业开始裁员,甚至倒下……

未来,只有那些能够真正提升实体运作效率、促进实体之间协作效率提高的互联网企业,才能生存。

革命者的宿命,就是被革命,除非有一天革命者学会了自我革命。

六

中国经济的上半场,遵循的是"钢筋泥土"模式;中国经济的下半场,遵循的是"精耕细作"模式。

上半场,我们做了各种大型基建,搭建好了社会的基础设施,就好比给社会建好了框架。

下半场,我们需要往框架里填充各种内容,文化、旅游等项目将成为核心,中国正在走向发展"软实力"的模式。

当社会的框架搭建完成之后,剩下的就是灵魂填充。在未来,一大批有"匠心"的人的社会地位将获得提升。那些脚踏实地的人，如工匠、程序员、设计师、作家、艺术家等，将越来越受到社会的尊重。

七

上半场，国民经济的细胞是"企业"；下半场，细胞是"个体"。

上半场，社会的基本结构形态是"公司+员工"；下半场，变成了"平台+个人"。

之前，社会上的每一个"需求"和"供给"往往是由企业对企业完成的，今后，更多的是由"个人"完成的。商业越来越碎片化，每个人都将冲破传统枷锁的束缚，实现个体的价值，这就是个体崛起。

举个例子，现在企业裁员的新闻越来越多，但同时我们也发现企业招人越来越难，这是因为真正有能力的个体都可以自食其力了，而那些被裁员的人往往都是被淘汰的。

经济的供需双方很多都在个体化，社会结构将越来越精密、细致。

如果中国经济是一场血液循环，那么下半场，它的毛细血管会更加丰富，输送和供氧能量会更加强大。

个体崛起，将是中国经济实现真正繁荣的大基础。

八

中国经济的上半场，依靠的是少数大公司；中国经济的下半场，依靠的是海量中小企业。

在上半场，假如一个市场有十个亿的规模，往往被几个龙头企业垄断。

在下半场，同样是十个亿的市场规模，应该是由数千个中小企业共同支撑的。

海量崛起的中小企业，将越来越具竞争力、生命力，就像蚂蚁雄兵一样，不断蚕食主流市场。

九

中国经济的上半场，解决的是"生产效率"的问题；中国经济的下半场，解决的是"分配效率"的问题。

在上半场，我们不断地扩大生产、压缩成本、改良工艺等，于是，我们生产出了大量产品，而问题是很多产品并没有被送到最需要它的人手里去。

下半场，我们需要解决的就是"分配效率"的问题，我们必须通过各种办法提升分配效率，比如现在新兴的租赁型、共享型、定制型等商业模式，就是在盘活沉睡的社会资源。

生产效率，关注的是对有形空间的占有和操控；分配效率，关注的是对价值节点的链接和赋能。

下半场最重要的不是你能生产什么，而是你能不能把最合适的东西送到最合适的人手里，使社会资源精准匹配，各归其位。

十

中国经济的上半场，是外向型经济；中国经济的下半场，是内需型经济。

上半场，我们更多依赖的是世界级的大市场，是靠世界经济这个大轮子带动中国。

下半场，世界经济已经带不动中国了，我们必须自己带动自己，甚至有责任去带动世界。

这也可以从"广交会"到"进博会"的转变看出来，"广交会"是把产品卖到全球，"进博会"是把全球产品买进来。从"卖全球"到"买全球"就像一场乾坤大挪移，之前中国是靠世界的带动，现在中国正在带动世界。

因此，我们必须提高自己的文化品位和消费水平。

阿里巴巴和腾讯的区别

一

为何阿里巴巴和腾讯这两大巨头的效益一直如日中天？

从本质上来说，是因为它们都属于大平台企业。

为什么平台企业可以如此强大？我们再以另外一个巨头——苹果为例，看看它凭什么成为市值万亿的企业。

虽然苹果是一家产品型公司，但它的本质是一家平台型企业。

从硬件上来讲，苹果手机和苹果电脑是由全球两百多家工厂共同生产出来的，而苹果只不过是把各种器件组装起来。

从软件上来讲，苹果系统里的App也是全球各地的开发者设计出来，上传到苹果系统，再让苹果用户使用的。

苹果公司的本质，并不是一个高科技企业，而是一个大平台。苹果最大的资产是它的品牌和设计，而所有环节（包括生产和开发）都是采用分包的形式分摊出去的。

腾讯和阿里巴巴也是一样的发展逻辑，腾讯依托巨大的流量，阿里巴巴则依托巨大的商业操作系统，它们都各自培育和扶植了一大批企业和无数个体，然后形成自己的商业生态系统。

大平台在崛起，同时无数个体在平台上执行任务。

这非常符合社会发展的逻辑，未来的企业只有一个出路，就是平台化。把"做事"往"做局"方面升级，努力实现自己的"平台化"战略，才是企业做强、做大的最好出路。

也许有人会说，只有大公司才能平台化。实际上，平台化不只是大公司的方向，也是所有公司的必然方向。即使是一个小公司，也必须完成平台化的升级。比如，一家小而精的广告公司，如何实现这个过程呢？首先可以以公司名义去接单，然后再分包给个人。公司在业内的口碑和公信力，决定了其获取订单的能力。公司可以以信用为担保接到订单，然后再将订单分包给个人，这才是未来公司要做的事。

因此，未来公司最大的资产，是其品牌和公信度。当公司做到一定程度，可以孵化各种小而精的品牌，这就是未来小企业做大、做强的方式。

二

公司的平台化，能不能在中国文明历史中找到依据呢？

大家想想我们中华民族的图腾——龙。

中国人的图腾为什么是龙呢？

龙其实就是一个聚合体，它有鱼的鳞、牛的鼻、蛇的尾、鹰的爪和鹿的角。在中国古代，各个部落之间是分散而凌乱的，每个部落的图腾都是不同的动物，如鱼、牛、蛇、鹰等。后来部落实现了大一统，这时用什么作为图腾呢？那就取每个部落图腾的最大特点，如鹰的爪子、牛的头、鱼的鳞片，最终综合成了龙。

所以中国人自古以来就有协同和聚合的基因，中国人对"和"的理解是极其深刻到位的。

如果从人类文明的角度去剖析，就会有非常有趣的发现：公司的股份化，是西方给世界的贡献；公司的平台化，则是中国给世界的贡献。

股份化的本质，是把公司拆分，在股票交易市场上交易，公司股份被很多人公开持有。

平台化的本质，是把很多分散的公司统一联合起来，各尽其才，各取所需，使之成为一个聚合体。

平台化，是一场社会组织的变革，就好像未来的战争一样。所有部门均要各自为战、化整为零，大家既要有单兵作战的能力，又要有协同作战的能力。

公开化、共享化、协同化，才是公司发展的大势所趋。打破公司的边界，让品牌共营、渠道共享、流量互通，这是时代的大势所趋。

三

同样是平台型企业，腾讯和阿里巴巴的区别究竟在哪里？

曾有人说：马化腾是水，低调沉潜，润物无声；马云是火，高举高打，气势如虹。

这确实是一个非常形象的说明，只不过水和火的区别不仅体现在这两个人的身上，还体现在两大公司的运作上。

腾讯是用流量孵化企业和个体，这些流量就像水一样。水利万物而不争，如涓涓细流，所到之处往往能够让大家保持独立性和完整性，也会通过链接的方式把大家连在一起，和而不同，共同成长。

阿里巴巴是靠商业运作塑造企业和个体，它谋求的是建立一个全球性商业"操作系统"，因此它就像一团火，不断地把外物拿来熔炉再造，使之成为这个操作系统的一部分。因此，它的每一项业务推进都是一个再熔化和再造的过程。

阿里的这套"操作系统"，是一个能够让全球商品的生产、交易、流通更便捷的系统。它需要简化很多环节，跳过很多传统阻碍，取代陈旧的资源，同时搭建更多先进又便捷的路径，如支付、物流、金融支持等。

腾讯扩张的驱动力在于链接。它不谋求控制对方，喜欢相敬如宾的感觉。它想建立一种商业生态，就像一片森林一样，里面有大树，也有小草，还有各种花儿，所以大家只需成为最好的自己就可以了。比如，腾讯投资了京东、美团、唯品会后，京东还是那个京东，美团还是那个美团，唯品会也还是那个唯品会。

而阿里扩张的驱动力在于生长。它为了生长，需要不断地吸收营养。还记得吗，2019年3月份，美团的王兴批评马云"仍有诚信问题"。其实两者的嫌隙已久。当年，美团并不想被阿里彻底掌控，美团有自己的规划，还是想走自己的路线。最终，美团与阿里决裂，并投向了腾讯的怀抱，只有腾讯才能满足美团的独立性。

再看看被阿里收入囊中的一些企业吧，口碑的李治国、高德的成从武都已离职，优酷的古永锵、UC的俞永福都转岗做投资去了，这说明这些企业都已经被回炉重造，成为阿里操作系统的一部分了。

为什么二者有这种区别呢？因为腾讯靠的是流量产生价值，它只需让大家完成社交的动作即可。而阿里必须靠交易才能产生价值，这是一种深度的互动，如果没有一致性和协同性，很难保证交易的效率。

所以阿里的商业操作系统，需要其他企业在自己的平台产生交易，形成闭环。这是它生长的原则，无论是投资高德，还是投资微博、陌陌，都必须符合它的潜在逻辑。

腾讯做的是一片繁荣的商业生态，阿里做的是一个强大的商业帝国；腾讯就像一个怀有大爱的绅士，阿里则像一个优秀的霸道总裁。

这就是两大公司的根本区别。

这两大商业态势就像一根绳的两股力量，也像太极里的一阴一阳，交织成了中国商业的格局，并将在未来长期共存下去。

当然，读懂这些不是根本目的，我们要的是看透本质的能力，以及解决各种问题的能力。

会员制

Costco（好市多）是一家大型购物超市，据说是芒格（巴菲特的合伙人）想带进坟墓里的公司，也是雷军极其称赞的一家公司。这家公司的独特性在哪里？

一家平平无奇的超市，却让中国的电商平台为之胆寒，它究竟厉害在哪里？

沃尔玛、家乐福这些超市巨头每天都在思考如何追求高利润率，只有Costco每天在想如何降低利润率，它究竟凭什么敢这样干？

早就有企业在偷偷学习它，但学其形易，得其神难。只是表面上的模仿，就像邯郸学步。它的精髓在哪里？

这些表象背后，又揭示了未来什么样的商业规律？

首先来看一下传统超市是如何挣钱的。

传统超市谋利的核心就是三个字：赚差价。它们的利润源于所售商品的零售价与进货价之差,因此它们会尽善尽美地呈现更多的东西,让大家去挑选。

典型的超市就是沃尔玛,它通过大宗采购,将商品的进货价压到很低,然后平价销售,薄利多销,快速周转,赚取利润。

因此,超市为了获取更多的差价,需要不断地提高利润率、减少库存、降低物流成本等,它的发力点就是让差价最大化。

Costco表面上也是在售卖产品,实际上它提供的却是一种服务。

首先,Costco里商品的利润率极低,Costco内部有两条硬性规定:

一、所有商品的毛利率不超过14%,一旦高过这个数字,则需要向CEO(首席执行官)汇报,再经董事会批准;

二、一旦发现外部供应商的商品在其他地方价格比Costco低,它将永远不会再出现在Costco的货架上。

这两条规定严格地执行下来,使得Costco商品的平均毛利率只有7%,而一般超市的毛利率在15%—25%。

要知道,Costco 7%的毛利,除去成本,交完税款等,纯利润就几乎为零了。

那么Costco如何盈利呢?

Costco的全部利润其实来自它的会员费。Costco的会员分为非执行会员和执行会员。在美国,非执行会员的年费为60美元,执行会员的年费为120美元。相比非执行会员，执行会员还可以享受一年内销售金额2%的返利以及其他的一些优惠。

Costco凭什么来收取会员费呢？它提供的服务是什么？

简而言之，Costco一直在帮它的会员做最好的购物选择。要知道，Costco和沃尔玛的不同之处在于，它的每个品类的商品只放两三种。Costco的整体库存保有单位只有4000个左右，沃尔玛则超过了20000个。

在沃尔玛里，各种产品琳琅满目，多到消费者都不知道如何选择，而在Costco，基本上每个品类就两三种商品。

Costco帮助自己的会员节省了大量挑选商品的时间，需要什么，只需来到这个商品的展架前就可以直接拿到。雷军曾公开说过："Costco每一款商品都是爆款，进了Costco不用挑、不用看价钱，只要闭上眼睛买就行了。"

Costco通过精挑细选，只为消费者提供最佳的两三种"爆款"产品，消费者的购买就会非常集中。这样，Costco单SKU[①]的进货量就会大大提高，从而获得巨大的议价能力。

Costco并不像沃尔玛做所有人的生意，因为大众个性差异和喜好偏差太大了，如果去满足所有人的要求，成本必定会居高不

---

① SKU，全称为Stock Keeping Unit，即库存进出计量的基本单元，通常以件、盒、托盘等为单位。SKU是大型连锁超市DC（配送中心）物流管理的一个必要方法，现在被引申为产品统一编号的简称，每种产品均对应有唯一的SKU号。——编者注

下。而随着社会的发展，未来社会"人以群分"的特征将越来越明显，因此能满足一个特定人群的需求，才是最符合时代需求的生意。

比如，Costco的服务对象是家庭收入8万至10万美元以上的中产阶级消费者和中小型的企业客户，定位非常精准。这类消费者的特点是时间成本较高，希望一站式购齐，追求高品质的同时又追求性价比。Costco就千方百计地为这类人提供最适合他们的商品。

另外，只提供商品是不够的，要想真正地服务好特定人群，还必须有无形的服务做搭配，比如Costco还提供无条件退货服务，客户买到不满意的商品，或者觉得价钱不合理，无须说明理由、无须任何费用就可以进行退换货。

作为Costco会员，可以在任何时候申请无条件退会员卡并得到全额退款。进了Costco，无论是你事先想要的还是临时起意的，只需要闭上眼睛拿。

在Costco，客户不再对具体商品有品牌忠诚度，而是对Costco建立起真正的品牌忠诚度。

满足了这一点，Costco就可以引入自有品牌。比如，Costco的自有品牌Kirkland Signature（柯克兰），是全美销量第一的健康品牌。

大家一定要记住一句话：未来最好的生意不是向所有人提供

所有的商品，而是向同一类人群提供最合适的产品。

我经常说的一句话就是：商业重心发生了转移，从以前的以经营商品为重心，转移到了以经营人群为重心。

Costco的一位工作人员说过一句话："公司所采取的一切行动都是为了给会员提供更好的服务，是为了扩大会员规模。"这句简单的话道出了Costco的商业逻辑。

据最新统计，美国有8300万家庭，90%以上的美国家庭都有一张Costco会员卡，并且续签率达到了惊人的91%。

Costco在美国的会员费是60美元，约合人民币400元，也就是说这家超市每年光会员费就能赚几百亿。

按照中国当下最热门的说法就是：Costco玩的其实就是社群经济。

我们正在进入一个商品利润不断接近于零的时代，这句话绝不是危言耸听。

因为随着社会的开放，未来无论做什么，竞争都会越来越激烈。而当竞争绝对充分的时候，所有产品的利润都会归零。

在中国，淘宝和拼多多先后出现，这不是偶然，而是必然。它们的出现无限拉低了商品的利润。

那么未来我们该怎么办？

之前，我们都在靠有形的商品赚钱，有形的商品赚钱的逻辑是赚"差价"。

未来，我们必须靠无形的商品赚钱，无形的商品赚钱的逻辑是提供"服务"。

未来，有形产品的利润越来越趋近于零，而无形产品的利润趋近于无穷大。

举个例子，美容产品的利润越来越低，但美容服务的利润越来越高；汽车的利润越来越低，但汽车后期服务的利润越来越高；书本的利润越来越低，但读书会的利润越来越高。

未来商业的最好出路，不是靠有形的产品赚钱，而是用产品背后的服务赚钱。

什么是有形的产品呢？看得见的都是有形的产品。

什么是无形的产品呢？比如附加值、增值服务或者会员服务等。

未来，真正的生意从表面上看都是不赚钱的，甚至是亏本的，但商家设置了隐形的路径，通过无形的产品或服务来赚钱。

千万不要只迷恋产品本身，这个社会早就不缺产品，我们早就进入产能过剩的时代了。

未来，我们缺少的是什么？是精神指导，是咨询顾问，是学习，是陪伴，是宽慰，是放松娱乐，是身份属性，是这些无形的东西。

人类的物质越发达，人类的精神就会越迷茫。人越迷茫，就越容易对无形的东西如饥似渴，比如精神认同，比如时间的节省等。

有一个根本逻辑：无形的东西决定有形的东西，看不见的决定看得见的。

未来，有形的东西都是摆设，都是表面的，都是不赚钱的，而背后那些无形的东西，才是我们更应该关注的。所谓大象无形，大音希声，就是这个道理。

商业的核心，已经从"交易"升级到了"服务"。之前，我们都在经营产品；未来，我们必须学会经营人心。

降维打击

一

这个世界看似浑然一体,实际却可以分为不同的维度。不同维度的世界,就像一条条平行线,下一个维度就像是上一个维度里的人的意识投射。

这种分化会愈演愈烈,未来,处于不同维度的人们,就像不同的物种,即便身处同一个屋檐下,也有天壤之别。

先以房子为例做一个阐述。我们为什么要买房子呢?因为房子的本质,是一种"高维度"产品。

为什么这样说呢?

物质世界可以分为三个维度:第一维度是物质,第二维度是空间,第三维度是时间。

同样的道理,商品也分为三个维度。

第一个维度的商品,指的是各种有形的产品或者服务,属于物质层面。

这个维度的东西处于最低的层次，最容易发生变化。众所周知，某一领域一旦发生创新，该领域的产品就会受到很大冲击。

比如，由于科技创新带来的产品迭代，每一代苹果手机总会附带着新的科技成果；新能源汽车会对传统燃油车造成冲击；互联网和人工智能总能革掉某一个传统行业的命。

第二个维度的商品，指的是能够给我们提供空间价值的产品，讲究的是场景感。这个领域的产品不会受到第一维度的创新的冲击，只有第二维度的创新才能带来改变。也就是说，只有发生空间变化，才能使它受到冲击，它属于空间层面。

比如房子，房子的价值跟它的位置和大小有关，而位置和大小就是空间的两大尺度。房子的价值和建筑材料几乎没有关系，也就是说无论建筑材料怎么创新，和房子价值的关系都不大。

只有当一个城市的格局发生变化时，房子的价值才会受影响，如老城区被新城区取代，于是，新城区的房子比老城区的房子升值得更快。也就是说，只有空间的转移，才能影响房子的价值。

第三个维度的商品，指的是能够产生出"时间"的产品，如近年来美国硅谷的一些大佬不断钻研的各种延长寿命的技术。他们通过人工智能、基因科学等方式，修改生命密码，企图延长寿命。它属于时间层面。

又如金融产业，首先它和第一维度（物质创新）无关，它其实是介于第二维度和第三维度之间的产业，就像第二维度和第三维度的夹层。为什么这样说呢？因为金融的本质就是用第二维度的"空间"去交换第三维度的"时间"。

举个例子，有个项目，如果自己干，你需要五年才能做成，如果你采用金融的手段，先融资再去干，两年就能干成，时间缩短了三年，但同时你也释放了一部分股份出去，也就是说，把你自己的盈利空间分了出去，成功的时间便缩短了，这就叫用"空间"换"时间"。

这就是金融的本质，是处于二维（空间）和三维（时间）之间的过渡产业。

二

商品的三个维度，也是商业的三个维度。我们所说的降维打击，其实就是当高维商业挑战低维商业时，具有碾压的优势。

比如，二维商品对一维商品的冲击。我们平时所说的各种创新，如产品、服务、渠道、模式等方面，这些都是第一维度的产品，是物质方面的改进。物质是无时无刻不在变化的，在科技发展越来越快的时代，无论你的产品多么先进，总是很容易被另一种产品所取代、颠覆。

而房子属于第二维度的产品，无论第一维度发生怎样的变化，都影响不到房子的价值，除非外界的空间格局发生变化。比如，市中心转移了，新区崛起了，房子的价值才会变化。因此，世界变化日新月异，但房子一直都在那儿，不离不弃，这才是"不动产"的真正含义。

铁打的营盘流水的兵，人来人往，熙熙攘攘，营盘始终还是那个营盘，这就是不动产的价值。放眼四望，在这个处处谈创新、处处搞颠覆的时代，只有"房子"最可靠、最稳固的财富载体。

也可以这样理解：越是在瞬息万变的时代，那些越不容易发生变化的东西就越有价值。

再如互联网，它的本质也是第二维度产业，因为互联网改变了空间路径，使消费者和产品之间的路径大大缩短了；它也改变了信息路径，使人与人之间的沟通方式发生了变化。这就会对第一维度的传统产业产生极大的影响，因此互联网是极其容易给各种传统产业带来革命性影响的。

而金融产业是我们所熟知的产业中维度最高的，因为它处在第二维度和第三维度间的夹层，也因此，当金融产业遇到第一维度的传统产业和第二维度的房地产、互联网产业时，可以所向披靡。

那么，有没有比金融产业维度更高的产业呢？有。

那就是第三维的时间产业。时间可以改变吗？当然可以。比如，曾有"一批中国富豪前往乌克兰买长寿"的新闻传得沸沸扬扬；又如，硅谷最具代表性的投资人之一彼得·蒂尔正在用各种办法试图实现"长生不老"。

他已经公开承认，自己正在服用生长激素药物，这是他"活到120岁"计划里的一部分。这不就是在"制造时间"吗？

人类的竞争，其实就是以上三个维度的竞争。

第一维度的竞争是科技竞争，我们每天都在思考科技创新，然后发明出各种产品。

第二维度的竞争是空间竞争，"抢房子"只是初级阶段，搭建优势路径（渠道或社交）才是根本。

第三维度的竞争是时间竞争，全球最富裕的那帮人早就开始行动了，他们已经在和时间赛跑，去抢"生命"了。

自古以来，最富有、最有权势的人都在抢时间，秦始皇寻找长生不老药就是典型。

未来，能够承载人类终极寄托的，只有时间。人类的一切竞争，最终都将指向时间战场。

三

读懂了以上三个维度，我们就明白了什么叫"一物降一物"。

为了方便大家理解，我们需要把第一维度的传统产业再做一个细分,分成两个维度——低级的农业和高级的工业。

第一轮收割:工业对农业(一维的高级对低级)。

有个词叫"工农剪刀差",就是源于工业产品和农产品的定价机制。民以食为天,定价权掌握在国家手里。而农民用的化肥、农药等属于工业产品,由市场定价。也就是说,农民自己生产产品却没有议价能力,但他们使用的产品要接受市场价格,这就造成了工业对农业的收割。

第二轮收割:互联网对制造业(二维对一维)。

互联网的诞生,改变和优化了商业路径,从此,商业运作的逻辑全变了:人、货物、现金、信息等一切有形和无形的东西都被"连接"起来,突破了物理空间的限制。比如网约车对出租车、网店对实体店都形成了巨大冲击。

另一个第二维度的产业就是房地产业,也对实体产生了极大的冲击。就像我们前面所言,房子属于空间产品,无论第一维度发生怎样的创新,都冲击不到房子的价值。相反,它还可以吸纳第一维度创新的成果,成为一种金融产品,不断增值。

第三轮收割:金融对互联网(二点五维对二维)。

金融资本会专门寻找价值洼地和最大化增值空间,当它嗅到其中的增长空间后,就会插足进来,尤其是互联网产业。比如滴滴这种平台就会被一股无形的资本力量操控,当资本得到它预期的利润之后就会撤出,留下一个空的躯壳。很多产业成也资本,败也资本。

再往上走,就是第三维度的时间产业对资本的收割了。讲到这里我们先停一下,因为时间产业尚不成熟,但这并没有阻碍资本被收割的历史进程。

那么,是谁在收割资本呢?

当资本变得越来越大,大到几乎能吸纳整个社会的财富时,贫富差距也会越来越大,大众消费就会越来越疲软,这就会让社会感到窒息。当资本试图一手遮天时,就会有相应的国家权力机关出面调控和干涉,瓦解资本的扩张性,严控资本。

那么它所做的一切,又是为谁服务呢?它所做的一切,都是为了平衡,它必须及时地汲取财富,用于各种民生保障体系的建设,包括扶贫、公租房、社保、教育、医疗、交通等,确保大家能过上安定的生活。

对于每一个人来说,必须明白两点。

一个是位置:你所处的上下游环节、对象是什么?

一个是时间:你收割和被收割的时间到了吗?

这就是收割法则,大家互相收割,这和农民趁麦子熟了就去割麦没什么区别。

利润接近零

在之前，一个人的成功，往往靠三大因素：机遇、胆识和努力。

但这三大要素如今在被一一化解：当数据信息越来越对称，机会越来越平等，人们的见识越来越接近，各种壁垒越来越小，机遇就渐渐失去了作用；当分工越来越细致、周密，法律、法规越来越完善，社会告别了野蛮生长期，胆识就失去了作用；当人人都在努力拼命，人人都明白只能靠自己的时候，你的个人努力也就不值一提。

另外，随着社会的开放，未来无论做什么，竞争都会越来越激烈，而当竞争绝对充分的时候，所有的利润都会无限接近社会的平均利润率。

每个行业都会有一个利润的红利期，这往往发生在行业发展的初期、爆发阶段。当从业人员较少，社会需求较大时，这个阶段的利润率就比较高。

由于利润率较大,就会有很多人插足进来,随着从业人员的数量越来越多,市场开始趋向饱和,竞争越来越激烈,于是,利润率就会大幅下降。降到什么时候为止呢?降到接近整个社会的平均利润率为止。

所谓社会的平均利润率,就是在这个社会上,一个人能够维持基本生活所需的收入。比如,对于现在的中国来说,这个收入水平在6000~10000元。无论你之前是从事什么暴利行业的,都会被拉到这个水平。

之前贴手机膜的、做美甲的、开网约车的,干的都是暴利的工作。现在呢?这些都沦为了普通收入职业。

每个行业都会有一种自动调节机制,让该行业的利润水平回归到平均利润率。比如,之前做培训很赚钱,当时通过各地招商、电话销售、搜索引擎等形式能获取大量客户,而现在招商越来越难,电话销售效果越来越差,搜索引擎越来越贵,因此,获取客户的成本大大提高了。于是,利润率大幅下滑,直到回归到社会的平均利润率为止。

当然,当一个行业的利润率回归到社会的平均利润率后,就不会再降低了,因为从业者的"脖子"被平台卡牢了。但平台不会卡死你,它会给你留一个可以喘息的空间,让你疲于奔命,却又能赚到基本的利润率,维持生存。

这真的离不开各大平台的功劳，淘宝和拼多多的先后出现，不是偶然，而是必然。

现在在淘宝上开店，就是比拼价格，否则很难有销量；在拼多多上开店就更不用说了，完全是薄利多销。因为它们存在的目的就是为了拉低商家的利润率，将商家的利润维持在仅仅能够解决温饱的边缘线上。

还有一个很有意思的现象：未来老板和员工的收入也会无限接近，一起接近社会的平均劳动收入。

做老板很风光的时代已经过去了，其实这两年日子最难过的就是各种老板。大到上市公司，小到家庭作坊，日子真的都很难熬，为什么呢？

因为企业的管理成本在不断提高，企业的人力成本也在不断提高，而商品的利润率却越来越低，即商品越来越便宜，而员工却越来越贵。企业遭遇两头难，两头都在挤压企业。

现在很多老板为了找出路，整天忙得团团转，急得满头大汗，而大部分员工却朝九晚五地上着班，反而比老板清闲。究其原因，是绝大部分企业的体制无法充分调动员工的积极性。

现在不像以前了，以前随便拉一帮人就可以揽活赚钱去，现在，老板必须极其善于管理，要是眉毛胡子一把抓，一定赚不到钱。

那么最终的结果是什么呢？不能赚钱的企业总有一天会倒

下，拥有独特技能的企业虽然还能继续赚钱，但扣去经营成本后，老板也剩不了多少钱。我一个朋友是做工厂的，年产值几个亿，辛苦一年下来才几百万利润，他手下的一个高管却有四五十万的收入。

因此，未来老板的收入会接近员工的收入，双方的收入一起接近社会的平均劳动收入。

未来，我们面对的是一个什么样的世界？

那是一个"三无"的世界：无生意可做，无工可打，无机可投。

所谓无生意可做，原因是传统社会的信息是不对称的，这导致社会的"供给"和"需求"始终是错位的，这就需要"生意人"去对接，并从中谋利。而在互联网时代，信息变得对称又透明，"供给"和"需求"都被精准连接，不需要生意人去对接了，于是"中间环节"和"赚差价"都不存在了。

所谓无工可打，原因是传统社会遵循的是大工业逻辑，很多人作为员工只需要执行公司命令就可以了，他们并不需要承担结果，这也是打工的本质。而在未来，随着个体开始崛起，公司开始平台化，你必须主动思考和解决问题，并发挥特长为社会创造价值，否则你就没有存在的价值。如果未来你还是抱着打工者的心态，那么一定会被淘汰。

所谓无机可投，原因是传统社会里有很多不完善的地方，每个行业都有潜规则，这让很多人能够通过不正当途径获得灰色收入。而在未来，随着法律、法规变得越来越完善，投机的空间会越来越小，所有人都要适应在公开、透明的情况下展开活动。

那么，在这种情况之下，人就不能有所作为了吗？恰恰不是。我认为，未来一个人要想改变命运，既不是靠拼命，也不是靠机遇，否则人类会永远陷入竞争的陷阱里，在互相对抗和算计的模式里无法自拔。

未来是价值回归的时代，我们必须调整好自己的心态，不要奢望一夜暴富，而是要脚踏实地地去创造价值。

未来我们只有一条出路，那就是把自己定位为价值创造者，你能取得多大的成就，完全取决于你创造的价值。

中国正在告别野蛮生长期，同时正在进入价值重塑期。那些一心只想发财的人，未来可能再也赚不到钱。而那些时刻为社会创造价值的人，一定能获得等同的地位和回报。

从下页的图形中可以看出，每个人的价值最终都会回归均值。

其实，这也是经典的价值曲线走势图，所有资产的价值都符合这个趋势。

房子、股票、虚拟货币、市值等，都符合这个价值曲线。很多人看上去拥有了很多财富，但很多财富只不过是一场黄粱美梦,一旦到了价值重塑期,一切资产都会回归其真实价值。

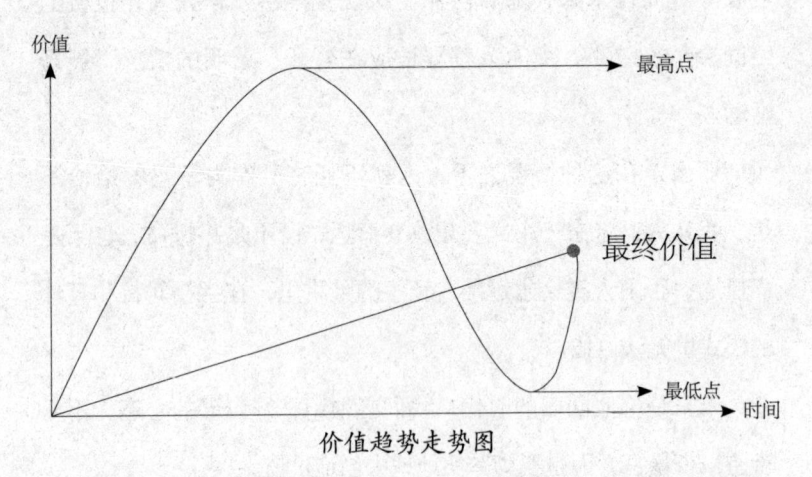

価值趋势走势图

这也是人生的写照,人生就是一个不断认清自我的过程,无论你经历了多高的巅峰、多深的谷底,最后总会回归真实的自己。

其实,一个人所创造的价值,决定了一个人的终点。大多数人的终点都是一样的,只不过有的人坐的是过山车,大起大落,有的人坚持脚踏实地前行;有的人先扬后抑,有的人先抑后扬,有的人一步一个台阶。人生真的不必那么焦虑,脚踏实地地做好自己,前面少的后面自然会补上,这里少的那里自然也会补上,这就叫规律。

商业 5.0 时代

为什么很多人的生意越来越不好做了?因为中国已经进入商业5.0时代,但大部分人的思维还停留在商业1.0时代。

这就是这个时代最大的迷惘,以至于很多人不知道自己能做什么,甚至开始"病急乱投医"。今天我们就来梳理一下其中的逻辑。

商业1.0时代

> 思维:利润差价
> 载体:实体产品
> 市场:卖方市场

这个时代大概是从改革开放开始的,一直持续到2002年。这是一个产品相对短缺的阶段,劳动力充沛又廉价,资源的开发效率较低，人们的需求也很粗放。

此时社会需要产品去填充各个角落，在这样的大背景之下，产品的生产和流通就很重要。负责生产的就是各种工厂，负责流通的就是各种经销商、批发商、实体店等。

我记得20世纪90年代我老家（安徽北部）的集市上，经常会发生这样的事：一些勤快又精明的人跑到浙江的工厂批发一些面料、被单之类的产品回来摆摊卖，每次都会被一抢而空。为什么呢？就是因为大家看到漂亮的东西感到很新鲜，而且这些东西往往物美价廉。

所以供不应求的状况决定了整个市场是"卖方市场"。这个阶段财富的核心关键词是：差价。厂家赚取的是从"原材料"到"成品"的差价，商家赚取的是产品从"原产地"到"目的地"的差价。当然，他们都大大地促进了商品的流通，助力了商业繁荣，在支撑起经济发展的同时，也给自己创造了财富。

差价思维的时代，商人之间拼的就是谁消息更灵通。比如，浙江温州人就从做小生意开始，在全国各地不断来往的过程中，逐渐掌握了各地的产品价格行情。由此，他们迅速地在全国各地抢占市场，成了中国第一批经济弄潮儿。

而其中一部分温州人不再满足于赚差价，他们开始从家庭作坊做起，自己生产产品，家庭作坊慢慢就发展成了工厂。工厂再形成工厂群，然后是产业集群、上下游产业链，中国制造业就是这么发展起来的。

商业2.0时代

> 思维：单品海量
> 载体：传统互联网
> 市场：第三方市场

从互联网诞生的那一刻起，这个世界的一些规则就注定要被改写。

2003年，中国开始进入电子商务时代。此时社会的"生产方式"依然没有变，但"消费方式"发生了重大变化。

这时，各种第三方电商平台产品（包括价格、质量）在你面前一览无余，它彻底撕裂了"人为"和"区域"制造的差价信息，再加上交易的信息化和物流快递的发展，商品流通得更快了。

而此时，中国实体店经过30年的发展，同质化现象越来越严重，于是，一大批单纯靠"信息不对称"来赚取差价的商家被淘汰了。

然而，一批人倒下，就必然会有另一批人站起来。何况在当时开"网店"是免费的，成本几乎为零。于是，第一批从开"实体店"转型到开"网店"的人，都是最懂时代的人，理所当然地收获了财富。

由于电子商务不受现实空间限制，很容易形成规模效应，产品销量越高，成本越低，越适合被打造为"单品海量"的产品，而商家最喜欢的就是"爆款"产品。

此时还有一个重大变化就是：由于第三方平台主导着流量和排名，"卖方市场"迅速变成了"第三方市场"。"谁主导市场，谁就在分钱"，这也是个铁律。所以，我们可以看到一个现象：商家并没赚多少钱，却把阿里巴巴、京东等第三方平台"养肥"了。

但是，电商时代的商品都是大同小异的，消费者比价太容易，导致价格战越来越激烈，"网店"只有不断地促销、刷单才能产生交易量，经营成本不断攀升。

最终，电商又把大家带入了价格战、产品同质化的怪圈。

此时还有一个变化在发生：由于一直加速生产，产品已经由"短缺"步入"饱和"阶段。当消费者的选择余地越来越大时，必然开始挑三拣四，这也就意味着一种微妙的变化又将发生。

商业3.0时代

思维：增值服务

载体：产品增值

市场：买方市场

随着市场上的产品越来越多，产品开始"过剩"，这就是"产能过剩"。产能过剩是件很可怕的事。在供大于求的情况下，不论什么产品都处于急于出手的状态，反正你不卖有人卖，你不做有人做。

所以，这个阶段一定有很多传统工厂倒闭，很多粗放式的生产方式被淘汰。

但大家不要忽略了，此时，还有一个很重要的变化，那就是大家的消费水平在升级。也就是说，传统方式生产的产品，已经越来越无法满足人们日益增长的需求。

以前，人们的需求是如何更加快捷地找到产品，买到性价比更高的产品。如今，产品足够丰富、足够多，而且都在打折促销，人们的需求升级转变成了如何找到"好产品"，或者说是找到属于自己的产品，这就是眼下的状态。

所以，那些能给大家带来"价值"的产品，仍然是短缺的，这就需要我们给产品增值。我认为大概有两个方向。

第一，纵深化。将产品的某种功能做到极致，越来越聚焦，越来越专注，就服务特定人群，引领行业的不断细分。

第二，定制化。给消费者量体裁衣，走个性化生产路线，产品不再是整齐划一的一刀切模式，这也是商业3.0时代的生产特征。

以上两个方向会导致市场的分化。所谓市场分化，就是说市场"大一统"的时代正在结束。

今后的产品很难再有统一的标准,这一群消费者喜欢的"产品"跟另一群消费者喜欢的"产品"可能是完全不同的。多元化是这个时代最大的特征。

由于商业的细分,商品同质化竞争和价格战的情况将越来越少,大家都在"闷声发大财"。

从这里我们可以发现,商业重心已经转移到消费者这一端,"第三方平台"主导的市场正在变成"买方市场"。现在最关键的问题是如何"圈住"自己的消费者。其实,最好的切入点就是需求,一切从消费者的需求出发。

以前是先做产品,再去找消费者;今后是先找消费者,再去做产品,这完全是相反的逻辑。

我们会发现,商业的核心从"做产品"切换成了"聚群众"。

而按照"谁主导市场,谁就在分钱"的定律,消费者将大大受益,并且有权分得产品利润的一杯羹。换言之,谁拥有聚合消费者的能力,谁就掌控了未来商业。

商业4.0时代

> 思维:号召力
> 载体:社交媒体
> 市场:信用市场

马云曾说："如果说中国还有什么红利没有被发掘的话，信任、互信就是最大的未开发财富。"

的确，中国未来还有一波红利，那就是社会信用关系的重建。为什么这样说呢？

之前，第三方平台的特点是"强信息、弱关系"，如淘宝、大众点评，都是在强调商品信息的准确性、公开性，平台上消费者之间的联动比较少，消费者过于分散，只能任由平台发号施令。哪个商品做活动，哪个商品上首页，哪个商品必须下线，都是第三方平台说了算。

而社交媒体已经让大家进入"弱信息，强关系"的时代，我们每一个人都是一个独立的IP[①]、一个独立的经济体，而且彼此联动性很强。我们获取信息的方式更多来自分享，而不是告知。

正如上面所言，既然商业核心机制从"物以类聚"过渡到了"人以群分"，那么，今后的消费者也必将从分散走向联盟。作为一个消费者，今天你不主动把别人团结过来，明天别人也会把你团结过去。请记住，这一点非常关键，因为谁主导了消费者，谁就主导了市场，谁就能来分钱。

[①] IP（Intellectual Property），直译为"知识产权"，在互联网界，IP可以理解为所有成名文创（文学、影视、动漫、游戏等）作品的统称。进一步引申来说，能够仅凭自身的吸引力，挣脱单一平台的束缚，在多个平台上获得流量、进行分发的内容，就是一个IP。——编者注

看看现在的淘宝吧，排名靠前的都是几个"网红"店铺，再看看现在的大V、自媒体、各种小众品牌的崛起等，都是这种特征的直接反映。

什么才是团结别人的最好工具？当然是信用和影响力。

一方面，如今的信用市场还未建立；另一方面，大家彼此之间失去了信任。我们都把大量精力、成本放在了如何互动、提防上。但在区块链、云计算等新技术的驱使下，信用市场必将一步步建立。今后的市场一定是"信用市场"。

未来最好的营销是内容，最好的内容是产品，最好的产品则是信用。

信用在未来会变得格外重要。同时，"链接力"将成为未来最重要的一种能力。

未来我们经营的不再是产品，而是一种精神和文化符号，产品只是一种附随。

有人会问，拼多多算哪一阶段的产物呢？其实拼多多具备了这一阶段的特征，因为它的驱动力是"低价+团购"。它具备了社交的属性，但它并不是这一阶段的代表，因为它的产品不具备品牌化、定制化、品质化的特征，拼多多只是特定经济环境下的产物，它并不代表未来的发展趋势。

商业5.0时代

> 思维：小众品牌
> 整体：丰富内容
> 市场：精准市场

我们现在面对的一切经济问题，都可以用一种手段来解决，那就是个体化。

顺应个体化这个大浪潮，中国未来将有海量的中小品牌崛起，这也是未来商业的大势所趋。

在过去，十个亿的市场规模是由五十个客户构成的，三年以后，十个亿规模的市场将是由两千个客户构成的。

社会日益细分，点对点的衔接越来越细致，这正是海量小众品牌崛起的基础。

未来，这些小众品牌将非常专注，聚焦于某一品类，具备垂直打通、纵向整合的能力。比如，从原料来源、设计开发，到生产营销，再到客服、后期维护，它们的背后可能不是一家工厂，而是一个工厂群。

其次，这些品牌将非常善于把人聚合起来，它们用内容与用户建立起关联。当然，它们懂得如何更好地运用群众的力量，每一点内容都蕴含了关联群众的艺术。

当众多品牌百花齐放，平台就可以发挥更大的作用。平台通过数据统计把同类需求放到一起，进行协同生产，使得这些看似碎片化的生产环节具有强大的"计划性"。而且平台还有一个核心任务，那就是给平台上各个环节的企业进行授信，降低大家因不必要的磨合而损耗的成本。

平台还可以根据零售数据做精准匹配，促成"消费端"向"生产端"的渗透，帮助"生产端"做各种计划准备。这就会让"零售"和"生产"之间的协同效率提升，解决的是无效产能问题，可使库存最优化。

总之，只有抓住商业变化的精髓，深刻理解商业变化规律，才能在市场上立于不败之地。

可以发现，公开化、共享化、平台化、定制化，是未来商业的大势所趋。

从大的方面来说，这就好比打通了中国经济的任督二脉，唤醒中国经济进入下一个春天。

从小的方面来说，这种新型的商业趋势，必将有助于个人价值的实现。

商业版图的改变

中国经济的上半场，是中国经济原始积累的过程。这个过程中有两大红利：第一，人口红利，针对的是制造业和房地产业；第二，流量红利，针对的是互联网行业。

先看人口红利。顾名思义，它与劳动年龄人口占总人口的比重有关，这就看谁抢的人多了。

还有一个客观事实需注意，就是中国人口高速增长的时代已经一去不返。

尽管我们已全面实施二孩政策，但从2017年开始，中国人口自然增长率明显回落，只有5.32‰。

与此同时，北京、上海这两座超级大都市常住人口40年以来首次同时出现负增长。

很多事情的拐点，往往从人口的拐点开始。

2018年之前的房地产业，依靠的是大量人口进城的红利，而现在随着人口增长的放缓，人口红利即将消失。

2018年之前的制造业，依靠的也是大量廉价劳动力的红利，而现在随着劳动力的减少，用工成本增加，劳动密集型企业彻底没了出路。

既然外部流入人口越来越少，那就只剩一个出路：盘活存量。

房企开始进入"盘活存量"和"生活服务"的时代，从"拿地建房"向"构建生活社区"升级。

未来城市的特点，用一个词可以概括：人以群分。城市里一定会出现一个个不同主题的群居社区，并有配套的服务，以便更好地服务不同的人群。这是房企在未来应该思考的问题。

同理，制造型企业也必须看清未来产品的方向，定制化和个性化产品占的比重将越来越大。"按需生产"的时代正在一点点接近，企业必须找到自己服务的精准人群，建立链接。

实体企业经营的上半场，我们做了A业务，会进一步开拓B业务，那是因为社会基本结构还没完善，所以有这样的机会。

实体企业经营的下半场，你立足于A业务，必须不断深挖这个业务，你要构建一面高高的城墙，让别人望而生畏。

中国经济的上半场，我们经营的是商品，人围绕商品在转；中国经济的下半场，我们必须学会经营人，人才是真正的财富。

再来看看流量红利。

互联网行业的发展可以分为两个阶段，一个是2019年前的上半场，一个是2019年后的下半场。

互联网行业的上半场又可以分为两大部分，PC互联网时代和移动互联网时代。

在PC互联网时代，中国诞生了诸如新浪、腾讯、阿里巴巴、百度、京东、搜狐、网易等互联网公司。

在移动互联网时代，腾讯靠从QQ到微信的自我革命站得更稳；阿里巴巴也掀开了手机淘宝的篇章；新浪依靠微博得以发展。与此同时，还诞生了今日头条、滴滴、美团、拼多多等小巨头。

无论是PC互联网时代还是移动互联网时代，都是"流量为王"的时代，是流量在主导一切。流量就像水源，有水才能孕育生命，水到之处就可能绿树成荫、枝繁叶茂。

但是，一方面，人口高速增长的态势已经不在；另一方面，随着互联网的普及，凡是能搬到线上的人基本都搬上去了。

我们能明显地感觉到，现在的互联网行业，无论是成熟的平台还是创业者，从外部获得流量的成本越来越高。

互联网行业的上半场，我们抢占的是用户规模，我们通过广告活动及奖励来不断提升下载量。

互联网行业的下半场，我们抢占的是用户时间，每个用户的停留时间、使用时间及频率，是我们最关注的。

中国经济上半场的结束，也意味着"抢人数"和"抢地盘"时代的结束。

既然人数和地盘都已经被瓜分得差不多了，接下来最重要的就是经营好你的一亩三分地。

既然机械地从外部获取流量越来越难，那就必须从盘活自身存量入手。线上的地盘就那么大，互联网企业的一大出路就是去线下"抢地盘"。

都说互联网行业的下半场是产业互联网，什么是产业互联网呢？简而言之，就是能够深刻改变实体行业的互联网。

互联网的优势是可以改变生产关系，改变生产关系就是优化资源配置，提升实体行业的供应效率、运作效率和协作效率。

在下半场，互联网行业开始进入"深挖用户"和"服务实体"的阶段。未来，那些能够彻底掌控实体行业供应链的互联网企业，那些能够真正提升实体行业运作效率的互联网企业，那些能够促进实体行业之间协作效率的企业，一定能胜出。

数年之前，传统企业就提出了"精细化管理"的概念，现在互联网企业也必须提出"精细化运营"的思路了。

到2018年底，中国的几大互联网巨头，在一年多的时间内几乎全部进行了组织结构调整。与此同时，很多互联网企业裁员的消息也在不断传出，这其实都很正常。它说明了一个事实：无论是传统企业还是互联网企业，当人口红利和流量红利结束之后，都到了优化自身结构的阶段，打铁还需自身硬。

这也说明，互联网行业的上半场产生了一些既得利益者，他们可以坐享其成。互联网行业的下半场开启之前，一定要先优化自身组织。

历史告诉我们，任何一个组织，每到一定阶段都会产生一小撮既得利益者，拿掉既得利益者才是自我革命的根本。

关于互联网行业的下半场，我们可以做一个这样的总结：

中国经济的上半场，主要解放的是C端（消费者或用户）。这都是为了让人民大众的生活更加便利，平台和企业的一切行为都是为了发展更多的客户。

中国经济的下半场，主要解放的是B端（企业或组织），我们的工作重心需要转移到提升企业或组织的运作效率上。因为当人均GDP到一定程度时，人员的管理成本会越来越高。管理成本决定了企业的生死存亡。

在中国经济的下半场，那些靠人海战术、堆人战术的企业一定会被淘汰。同时，将有大量企业开始为提升效率而买单，很多业务开始从"to C"向"to B"转变。

中国经济的上半场，解决的是"生产效率"的问题。我们不断地扩大生产、压缩成本、改良工艺等，因此我们生产出了许多产品。现在的问题是，很多产品并没有送到最需要它的人手里去。

中国经济的下半场,需要解决的就是"分配效率"的问题。我们必须通过各种办法提升分配效率,比如很多租赁型、共享型经济就是在盘活沉睡的社会资源,很多互联网企业的定位就在此。

世界经济的核心问题已不是"生产效率"的问题,而是"分配效率"的问题。经济重心需要从提升"生产效率"升级到提升"分配效率"。

一方面,关注"分配效率"会逐渐使生产走向"按需生产"。不同的人有不同层次的需求,人们需求的提升会倒逼生产水平的提升,进而促使更多的高端制造企业出现。

另一方面,未来会有更多的互联网企业诞生,它们专注于发掘沉睡的社会资源,进行匹配,转化成各种收益。

中国经济的上半场是外向型经济,依赖的是世界级的大市场。2001年加入WTO是中国经济史上浓重的一笔,简而言之,是靠世界经济这个大轮子带动中国经济的发展。

中国经济的下半场是需求型经济,必须依赖中国人的消费水准,必须靠提高中国人自己的文化品位,必须在产品的先进性方面引领世界,简而言之,就是中国开始带动世界的发展。

从"走出去"到"引进来",从"卖全球"到"买全球",就像一场乾坤大挪移,象征着中国在世界贸易中地位的大逆转,同时也意味着未来将有更多好的产品要进来。

那么，国内的制造型企业，是不是做好了与其他国家制造型企业产品竞争的准备？同时，国内的互联网企业能不能把这些产品更快、更好地送到消费者手里？

中国经济的上半场，只要把美国的互联网模式照搬过来，基本就可以成功了，百度、腾讯、阿里巴巴等都是这样成功的。中国经济的下半场，只要把中国的互联网模式复制到海外，大概率也会成功。有很多人已经开始践行了。同时，现在也有很多国家开始照搬中国的互联网模式，如印度、印度尼西亚、马来西亚等。

可以说，中国经济的上半场是努力融入世界，中国经济的下半场是努力带动世界，这是两个完全不同层面的发展理念。

在中国经济的上半场，我们为了融入世界，完全遵从游戏规则，那就是美国主导的全球产业模式：美国的设计、日韩的原器件、中国的装配、其他国家的原材料和能源，然后销往全球各地——当然，各国挣到的都是美元。

美国以信用背书，让这些国家挣到钱后再去买美国国债。于是，这些发行的国债让输送出去的美元重新回到了美国。结果大家辛苦赚到的美元，刺激了美国的资本市场，然后再以资本的形式向海外输出，从而影响其他国家的各种产业。这样循环往复地生利，美国就只管坐享其成，稳坐全球经济链的制高点。

在中国经济的下半场，美国这种循环往复的游戏越来越玩不下去了。中国人的奋发向上，使得中国不可能永远只是其中一个生产环节。我们提出"一带一路"、搞"自贸区"、搞"进博会"，其实就是在带动新一轮的发展。

中国经济的上半场，给世界贡献了各种各样的产品，如衣服、鞋子、玩具等，被定位为"世界工厂"。

中国经济的下半场，给世界的贡献将不只是产品，还有能深刻影响人类的文化、模式及系统。

中国经济的下半场，其实也是世界经济的下半场，我们必须明白身上的重担，同时也要对自身充满信心。

中国经济正在驶入新的快车道，现在我们又一次站在了历史的岔路口。这次，我们的责任更大，因为我们每迈出一步，世界都会紧随其后。

这不仅要求中国承担更重大的历史责任，也要求我们每一个中国人拓宽自己的格局和视野。手里拿着锤子的人看什么都是钉子，悲观的人看什么都是悲观的。

这就像我们登山，虽然爬得越高，空气越来越稀薄，感受越孤独，但是，我们看到的风景和身处的境界，已截然不同。

商业的操作系统

世界上的所有东西都可以一分为二。

所有的人都由两部分组成，一是身体，二是灵魂。

身体的核心是健康，灵魂的核心是精神文化。

电脑、手机等科技产品也是由两大结构组成的，一是硬件，二是软件。硬件的核心是芯片，软件的核心就是操作系统。芯片是科技产品的身体，操作系统是科技产品的灵魂。

可以这样给操作系统定义：为了让科技产品有条不紊地工作，需要用一个软件对它的所有资源和指令进行统一的管理和调度，这个软件就是操作系统。

所以，在这个世界上，伟大的公司都在做操作系统。

来看看全球最厉害的三大科技公司：微软有Windows系统，苹果有IOS系统，谷歌有安卓系统，它们三者几乎掌控了世界上的电脑、平板和手机。

也就是说，世界科技产品的运转逻辑是出自于这三家公司的设计。

为什么说它们伟大？因为每个人的生存逻辑都得围绕着它们的指令展开。

首先，我们必须明白一件事，世界的硬件（芯片产业）和软件（操作系统），都被美国的公司牢牢把持着。

阿里巴巴作为世界第二大经济体的新经济代表，也在不断地谋求建立"操作系统"的机会，这是一盘更大的棋。

每一年的"双十一"，其实是这套"操作系统"的一场大练兵。"双十一"的缔造者，阿里巴巴集团CEO张勇这样看待"双十一"："'双十一'是社会化大协同的产物，涉及线上商家、线下商家、物流方、客服、消费者等，一套独一无二的'阿里巴巴商业操作系统'也在同步形成……全世界没有一个公司有这样的一套操作系统，它不仅触达消费者，而且能够服务企业。"

比如，2018年的"双十一"，其实是中国各种商业生态的首次全面集结。具体来说，它调动的资源包括：20万家天猫新零售智慧门店，165个城市的近100家盒马鲜生门店，470余家超市，62家银泰百货门店，400个城市里的100万个餐饮店、水果店、鲜花店等本地生活服务商家，343万个从网商银行获得了资金支持的商家（资金量约为2020亿元），3000万平方米菜鸟智能物流链接全球仓库，20多万辆快递车辆，20万个快递网点。除此之外，还有700个机器人、19架小型飞机、2架波音747飞机、300万个蜂鸟骑手……他们在"双十一"完成了一场大会合。

能将这么多资源动员并协调起来，这需要一个强大的商业操作系统，阿里巴巴做到了。

因此，阿里巴巴早已不再是一家互联网公司，而是成了一个横跨营销、娱乐、金融、物流、供应链、云计算等领域的综合性数字经济体，搭建起了一套"全球性的商业操作系统"。

那么，和阿里巴巴可以平起平坐的腾讯，为什么没有建立起商业操作系统呢？

腾讯的重点在于连接，而阿里的重点在于交易。

腾讯版图的扩展是物理变化。它携带着流量四处流淌，就像水流不断向四周扩散，就能滋养所到之处。你原本是谁，未来依然还是谁，只不过更加茁壮了。比如，京东还是那个京东，美团还是那个美团。

而阿里版图的扩展是化学变化。它要把对方吸纳过来为它所用，在努力完成自身商业升迁的同时，也成全对方。

腾讯有原始的输出需求，输出是为了遍地开花，它不求协同性，只求绿树成荫。

而阿里有原始的输入需求，它需要不断吸纳各种商业形态，然后不断升级自己的战略规划，发挥产业协同，形成更大的商业闭环。看看它收购微博、陌陌、UC、高德、优酷的出发点吧，都符合这样的逻辑。

如今,阿里系商业版图里的重大板块,如蚂蚁金服、阿里妈妈、阿里云、高德、阿里影业等,都是这个"全球商业操作系统"的重要基础。

伟大的商业操作系统,必须具有开放性,必须给众多小创业者提供支持。

2018年的"双十一",蚂蚁金服副CTO胡喜在现场宣布:"双十一"自主研发的核心技术已经实现100%开放。"双十一"期间,共有343万个商家从网商银行获得了共计2020亿元的资金支持,贷款金额较上一年同期增长37.4%,网商银行累计投入3000万元补贴,来帮助降低商家融资成本。其中最小金额贷款,来自贵州的农户,其向网商银行贷款1元,用于出售农家自种的红豆、薏米。1元钱也可以信用贷款,这最大限度帮助小企业解决了资金占用问题。

通过"310"贷款服务(3分钟在线申请,1秒钟放贷,零人工干预)和"212"保险服务(2分钟申请,1秒审核,2小时到账),数千万小微经营者接触到了从前难以触及的金融服务。

1元钱的贷款,反映出服务门槛变低,不论是大企业,还是小微企业,都可以享受无差别的服务。

这意味着越来越多的消费者、小微企业可以自由地进入全球市场,开展全球贸易,他们面对的是一个无边界的市场。

从有限到无限，从有差别到无差别，从有边界到无边界，任何人可以在任何时间、任何地点，用任意货币买卖任意商品，这就是这套全球商业操作系统带来的巨变。

这套商业操作系统一旦建立起来，每运行一圈相当于传统商业运行一百圈。

未来，人和人的区别，企业和企业的区别，国家和国家的区别，都将变成"操作系统"的区别。

对于个人来说，最重要的也许并不是能力的提升。能力只是这个操作系统上一个独立的App，是可以开发和优化的，而操作系统却是我们人生的"基础设施"。基础设施不行，再好的想法也无法实施。

如果一个人要搭建自己的"操作系统"，必须注重人格的提升，加强情绪的管理，学会格物致知，懂得修身养性。的确，现在已经不是那个依靠蛮力和胆识就可以成功的时代了。

对一个企业来说，最重要的不再是拥有什么样的产品和资源，因为技术、产品和资源都将趋于共享，最重要的是能不能建立一套独立运转并能自动升级的系统。再强的个人干不过一个团队，再强的团队干不过一套系统。

把复杂的事简单化，把简单的事模式化，把模式化的事系统化，这样，你就组建了自己的系统。这才是未来创业的真正路径。

对一个国家来说，未来最重要的不再是经济、军事实力的强大，而是能不能利用文化，以建立一套更与时俱进的运转体制。

从人类历史来看，一定是先进的文明取代落后的文明。如今，世界发展的核心问题已经不是生产效率的问题，而是分配效率的问题。

全世界都在期待一个更加高效的分配机制：让每一个人得到的回报无限接近于自己创造的价值，同时又能兼顾弱者的生存质量。这或许就是下一个高阶文明。

商业的流体化

如果非要找一个词来形容未来的世界，我想，"流动"再合适不过了。

未来所有的东西都会处于一种流动的状态，包括各种平台、产品、服务、硬件、软件，有形的、无形的，都会从固定不变的变成可以组装的、可以共享的、可以迭代的。

世界正在回到它的本源状态——混沌的、流动的——不断地趋向于形成一种平衡，打破原有的平衡，再形成新的平衡。生生不息，循环往复。

世界正在从大工业时代过渡到互联网时代。

大工业时代遵循的逻辑是"占有大于一切"，而互联网时代遵循的逻辑是"连接大于拥有"。

大工业关注的是有形产品的生产和流通，有形的空间对它来说既是优势，也是一种阻碍；而互联网可以把人、货物、现金、信息等一切有形和无形的东西连接起来，完全突破了物理空间的限制。

大工业时代需要占有大量实体产品和有形的资源，互联网时代最关键的不是你拥有多少有形资源，而是你能配置和影响多少资源。资源属于谁并不重要，重要的是谁在使用资源、如何更高效地使用资源。

互联网时代注重的是流动和循环的效率，共享、分享才是大势所趋，每个人都只是一个信息节点。

于是，所有固化的、有形的壁垒都会被流动的、无形的力量冲破，没有任何东西能阻碍这股"洪荒之力"。

未来的世界是柔软的、流动的，所有的东西都在不断地流动、不断地迭代，变得不稳定，充满了各种不确定。

举个例子，未来无论你做的是什么产品和服务，从本质上来讲，你经营的都是数据。你接触数据的大小和处理数据的能力，决定了你的经营水平。

未来所有的东西都将处于形成之中，之前我们看到的是产品，未来我们看到的是过程。

也就是说，我们再也无法预料我们最后实现的是什么样的产品形态，我们只能不断地更新它，不断地使其与时俱进，不断地迎合时代变化。目标和终点将越来越模糊，过程反而更加重要，我们要的就是那个不断进化的过程。

在未来的流动时代，人最珍贵的东西是什么呢？

第一是注意力，第二是感情。

我们将不再随便消耗我们的注意力，因为世界越来越丰富，注意力就会越来越分散，越来越稀缺。没有谁的一天是二十五个小时，而且没有哪一种技术可以增加我们的注意力。

在未来，注意力就意味着金钱。比如，如果我们收看了广告，就可以拿到报酬，因此，现在有了看广告可以赚钱的商业模式，像趣头条在很短的时间就做到了在美国上市。

在情感方面，我们更不会轻易浪费自己的感情，因为未来很多东西都是被运算出来的，如找工作、找合伙人等。人发挥主观思想意识的空间将越来越少，我们将越来越少地动真感情。

流体化的另一个特征是互相渗透。没有哪一个人可以无条件地主导他人，没有哪一方可以占据绝对的主动性。一切都是在互动中产生的，一切都是在协作中产生的，一切资源都将变得开放和共享。行业之间的界限越来越模糊，所有边界都将被打开，互联互通是大势所趋。

在未来那个流动的世界里，再也没有所谓的经验，没有所谓的权威，没有所谓的标准。所有人都是新手，同时所有人也都是老手，大家都是公平的。

未来，社会财富的流动性也会越来越快，财富将趋于虚拟化。我们的财富经历了四个阶段：第一阶段是粮票时代，第二阶段是现金时代,第三阶段是不动产时代,第四阶段就是市值或估值时代。一旦到了第四阶段,人没有股权就很难富有,然而,股权时代的财富最大的特征就是虚拟化、流动化。

未来,社会最重要的财富形式就是估值或市值,趋于虚拟和流动,只是一个数字而已。你拥有财富,并不代表你就可以随便花这些钱,而是代表你有支配这些钱的权利,财富多少意味着能调动资源的大小。究其本质,是整个社会越来越流动化、公开化。

在流动的世界里,未来只有现金流,没有利润率。在流体化的时代,未来会有很多生意,表面上看都是不赚钱的。比如,很多卖课程的把课程设置成免费,然后靠运作社群赚钱。如果你还在做表面赚钱的生意,那么,你必须早一点实现转型,否则总有一天你的生意会做不下去。

在未来社会里,你要想有存在价值,必须先能创造价值。让自己永远都有价值,是立于不败之地的根本。

未来,我们能做的只有终身学习,不断迭代自己的认知。当你一直处于学习的状态,变成一个流动的人,永远保持对知识饥渴的状态,才能与时俱进。

直播经济

如今，电商已经从"图文时代"升级到了"直播时代"。

于是，商业的逻辑也发生了重大变化。

首先，图文时代商家靠的是修图能力，而直播时代商家可以全方位地、实时地展示产品。任何美化都是苍白的，这是二者的根本区别。

图文时代的消费者需要看评论，需要问客服，而直播时代的消费者可以进行互动，随时提出各种质疑。

未来的消费者不仅需要全方位地看到产品，还需要看到整个产品的生产过程，看到每一个生产细节，整个生产过程将越来越透明化、可视化。

有人说：直播不就是以前的电视购物吗？二者还是有本质区别的，电视购物的节目是后期剪辑出来的，当展示产品出现意外或瑕疵的时候，是可以剪掉再拍的，而直播是实时的，是无法遮掩和美化的。

随着5G和视频媒体的发展，未来的商业将越来越公开化、实时化、透明化。一切都将变得可视化、直观化、可追踪化，所以商家必须有足够的勇气直面自己的消费者。

那种在商品面世之前，需要先修图，或者用文案去美化产品的时代，已经一去不返了。

其次，在图文时代，我们进入一家店铺首先看到的是货品，是"货到人"，而在直播时代，我们进入一家店铺首先看到的是人（主播），是"人到人"。

也就是说，主播这一角色将发挥越来越重要的作用。2019年"双十一"期间，最大的两个直播间在线观看人数分别达到了4315.36万和3683.5万。

这说明电商正在从以"产品"为核心，升级到以"人"为核心。在以产品为核心的时代，我们需要不断地美化产品，降低产品成本，提高产品利润率；而在以人为核心的时代，我们需要不断地美化"个人"，提升个人的人格魅力，塑造人物的传奇性。

也可以这么理解：未来的商业，"谁在卖货"往往比"卖什么货"更重要。

随着社交媒体的发展，那些能够聚合消费者，并更能挖掘消费者需求的人就会出现，如主播、网红、大V等。

未来的商业，比拼的不再是品牌策划能力，而是你能不能在消费者中具有号召力。从"做产品"到"聚群众",这也是商家能力的升级。

另外,大众的注意力将会从对产品品牌的信赖上,转移到对人(主播、网红、大V等)的信赖上。

直播经济、网红经济的本质是一种聚合消费者的艺术,意味着商业正在由"物以类聚"向"人以群分"过渡。

未来的商业,人的信用将大于品牌的信用。这背后反映的是商业逻辑的彻底变化:传统商业是以商品为核心,未来的商业是以人为核心。

最后,这些善于聚拢消费者的人诞生之后,他们不仅能随时随地发起一场场购买狂潮,更重要的是,他们还可以联合粉丝向厂家定制产品。

前段时间,有一则很有意思的新闻:日本和欧洲的几家化妆品生产商,开始为中国的电商(网红)品牌做代加工了。

就连日本Cosmo Beauty株式会社的掌门人山添隆也这样感慨:"过去,一直是中国工厂为日本品牌代工,而现在,日本工厂也开始为中国品牌代工了。"

我在《工业4.0大革命》里提到:互联网发展到一定阶段,必然会诞生C2F(Customer-to-Factory,顾客对工厂,简称客厂)模式。

如今,各大网红和电商品牌都抓住了这个机会,利用直播等社交工具去发现消费者的需求，然后收集订单交给工厂生产。产品生产出来之后，再通过强大的物流系统送到消费者手里。

未来的生产方式一定是先有订单再生产，就是按需生产。每一件产品在生产之前，销售者已知道它的消费者是谁，这样就再也不会有库存了。

我们正在进入"按需生产"的时代。这不仅意味着产品的定制化、个性化生产时代的到来，也意味着整个社会的供应关系会被摧毁重建。

也因此，海量的中小品牌正在崛起，越来越多的产品正在品牌化。在过去的供应链里，即使一年的营业额很高，你也最多是个经销商或代理商，所以在传统的大批发时代形成的是档口林立的格局，而不是品牌林立。

想想十年前我们用的日化用品吧，基本都被宝洁垄断了，而现在，各种小而美的品牌正在崛起。它们围绕某种特定功能，或者为特定人群定制生产，究其本质，这是中国互联网的高度繁荣带来的市场分化，商家有机会通过各种平台吸纳自己的消费者，然后提供自己的产品或者服务。

未来，只要你有足够的想法，只要你愿意围绕某类特定人群活动，你就有机会打造自己的品牌。

对这个世界来说，中国未来的角色应该是一个信息大节点。因为中国电子商务已经处于世界最发达的水平，再加上跨境电商向其他国家辐射，中国可能会组织形成一种全球性大生产模式，这种大生产首先打破的就是美国主导的传统全球产业链。

未来，中国很有可能直接对接全球的消费者和生产者，实现跨国生产和定制。社会将实现按需定制，按兴趣组队，按人群服务，小批量制作，不断迭代，用多样化的产品去满足多元化的需求。

按需生产意味着产品的定制化和多元化，社会的物质产品一旦应有尽有，每一个人就会各取所需。那么，传统的竞争和抢先就没有意义了，社会会呈现出和而不同的局面。

赚钱的逻辑

最近这两年,很多人觉得生意越来越难做。实际上,不是赚钱越来越难,而是整个商业的逻辑发生了变化。

这里,我们来理一下商业的逻辑变化。

一、从"信息对称"到"价值对等"

对商业冲击最大的就是互联网,因此,在探讨商业之前,我们必须先来理清互联网进化的三个阶段:一、信息互联网——PC互联网、移动互联网;二、物体互联网——物联网、人工智能;三、价值互联网——区块链、5G等。

第一个阶段的信息互联网,解决了信息不对称的问题,信息不再被区隔,那些通过特殊渠道获得信息并谋利的中间商被淘汰掉了。

第二个阶段的物体互联网,解决了物体不衔接的问题,产品由机械化变为智能化，能和人们互动；产品型号和设计由一刀切变成了定制化、个性化。

第三个阶段的价值互联网，解决了价值不对等的问题，人们的收入分配方式不再依靠职位、资历等，每个人创造的价值都能得到精准记录并随时兑现。

打一个具体的比方：对于一家公司的员工来说，收入往往由工资和年终奖构成——除了每个月的工资，到了年底公司会从利润里拿出一部分，按照职位、贡献的不同，给每个员工发一笔年终奖。这种分配方式是很粗放的，一个人最终能拿多少钱，一方面要看公司的整体效益，另一方面还要看领导或老板对这个人的认可度。

这并不能真实而精确地反映出一个人创造的价值，所谓价值互联网，就是让价值互相联通并自由流动。如果这里面有人为性、行政性、第三方因素的干扰或阻隔，都不足以称得上是价值互联。

区块链和5G的诞生，就很好地解决了这个问题。科技的进步帮助人类开创了一种精准记录价值的方式，让价值更快、更完整地流通。比如，区块链可以实现全民参与记账；5G可以让数据实现实时更新，可以点对点地记账，随时随地兑现价值。可见，价值互联网正在诞生。

二、从"买卖关系"到"服务关系"

对于这一点,可以用一个形象的例子来说明。一家传统的菜市场里面有很多菜贩子在卖土豆,他们的土豆都是从批发市场以每斤2元的价格批发过来的。但是,他们卖的价格不同:老实的菜贩子只敢卖每斤2.3元,胆大的菜贩子则敢卖每斤3元。

戏剧性的是,老实的菜贩子卖得便宜却不太会吆喝,胆大的菜贩子卖得贵却很会吆喝,所以胆大的人赚的钱更多。

后来,胆大的人还学会了如何包装和营销,给自己做品牌,所以赚的钱越来越多。再后来,胆大的人干脆承包了菜市场,不用再卖菜了。

贫富分化就是这样产生的。

但是,未来的菜市场是这样的运转逻辑:菜贩子依然会以每斤2元的价格从批发市场进货,但他们卖的价格是规定好的,是统一的,比如,都是每斤2.5元。每一个前来买菜的人,都是默认这个价格的,不会有讨价还价的环节,而且他们的钱是付给菜市场的,拿了菜就走。

肯定有人要问:那菜贩子怎么赚钱?

菜贩子赚的钱只跟他卖掉的土豆多少有关系,由菜市场事后统一结算。每个菜贩子那里都有一个记账本,每个菜贩子每做一次生意都会喊:"我又卖了3斤。""我刚才卖了5斤。"由于所有的生意都被大家看在眼里,所以很难作弊。大家都会统一记账,即使你的账本丢了,别人那里也有你的账。

如果菜市场除去运营的费用后,还想留点私房钱也是很难的,因为每个人手里都有一个账本。每个人都知道自己赚了多少钱,知道隔壁老王赚了多少钱,又有多少钱应该交给菜场管理运营,这是一笔公开账目。

所以,未来的一切生意都是在光天化日之下进行的,每一笔订单都是在众目睽睽之下产生的,你想坑蒙拐骗,门儿都没有。

这时,肯定又有人问:有的菜贩子勤快,有的菜贩子懒惰;有的菜贩子聪明,有的菜贩子愚笨;难道我们不鼓励多劳多得吗?

当然是你卖的土豆越多,赚的钱就越多,每一个菜贩子都应该把自己的聪明勤劳放在吸引更多顾客上。此时,欺骗是肯定行不通的,因为太公开透明了。

这时,传统竞争就会升级成一种服务竞争。比如,有的菜贩子会这样对买菜人说:你买了我的土豆,我会帮你把皮削干净。

其他菜贩子就不服了:你买了我的土豆,我不仅帮你把皮削干净,还帮你把菜送到家。

真正聪明的菜贩子会这样干:我这里不仅有土豆,还有牛肉,你可以再买一点牛肉做土豆炖牛肉。另外,我还可以再送你两根葱,送你一份菜谱,把菜都给你洗干净打包……

看明白了吧？这就是消费升级。

商家和消费者的关系，正在从"买卖关系"升级为"服务关系"，未来比拼的是商家的深度服务能力。

产品的事交给厂家去完成，售后和客服是另一块单独的内容。商家要做的是产品的衍生，它决定着吸引消费者的能力，这也是商家最有价值的地方。

我们还可以发现，在这种商业逻辑下，就不存在暴富的方式和暴利的产品了，这才是一个真正成熟的社会所具备的商业特征。

三、你只管努力，上天会安排好一切

上述的例子，也可以引申出商业变革的基本逻辑：传统商业是一环吃一环。在产品经过的各个环节中，每个环节都会加价，然后再出货，这其实是一种单向的赚差价模式。

你的上游环节究竟赚了你多少差价，你是不知道的。当然，你也不知道你的下游环节究竟能赚多少钱。所以，大家都是在互相保密。

显然，上下游环节是一种侵吞的关系，此消彼长，你赚的多我就赚的少，你赚的少我就赚的多，所以每个环节的人都会尽量让自己的利润最大化。

而未来，由于互联网的公共性和链接性，消费者有机会直接

跟品牌方接触。于是，越来越多的消费者能够直接付钱给品牌方（生产方），这就使得现金会不增不减地直接到品牌方手里，不再像以前那样被层层盘剥。

那么，渠道方和服务方该怎么赚钱？品牌方拿到钱之后，再按照事先的协议把价值分配出去（当然，每个环节的价值回报是和其贡献作用对等的）。于是，大家以契约条款为约束，形成了一条新的价值链，然后井水不犯河水。

于是，你的回报是由你提供的价值决定的，你的服务能力越强大，能吸引的人就越多，得到的回报也就越多。而且，未来你能产生多少价值，能赚多少钱，都是公开的、透明的，而不像以前一样被捂着，这就是点对点的价值链。

这也应了一句话：你只管努力，不求回报，上天会安排好一切的。

所以，未来只有现金流，没有利润率。

四、未来你靠什么而活？

未来的社会只有三种企业角色：一、负责国计民生的资源型企业，如国企、央企；二、负责商品流通的平台型企业，如阿里巴巴、京东、拼多多；三、在各种细分领域里有独特产品或提供深度服务的小公司。

除此之外，就是游离在各种平台上的个体，如网店店主、自媒体达人、网约车司机、律师、设计师、会计师等。

如果以上这些都没有你的位置，你就应该考虑一下自己未来的定位了。

在社会不断向"平台+个体"结构转变的过程中，平台先淘汰掉了一部分人，如各级经销商、中介、经纪人等。

与此同时，平台又成全了很多个体户，如司机、设计师、律师、保姆、快递员、送餐员等。

也就是说，大量中间商不存在了，大量的服务个体却出现了。

比如，由于产品越来越趋向于定制化，所以大量产品设计师出现了；由于产品的后期服务越来越重要，所以大量售后人员和客服出现了。

这就是变革时代的特征：一批人倒下，必然有另外一批人站起来。

平台的价值，就是通过运营，精准地将生产者和消费者对接起来。于是，定制化、个性化产品越来越多，并且商家努力的方向就是千方百计地提升产品的附加值，实现点对点的服务。

而在之前，这是不可能实现的，因为生产者和消费者是无法直接对接的，所以只有让大量的中间商去做对接，让大量的企业去做对接，但他们只充当了桥梁的作用，并没有提升产品的附加值。

也就是说，原来的投机倒把、囤积居奇、反经济周期、低买高卖等差价思维，正在被一种与众不同的创造性思维取代。

由于5G等新技术的出现，未来所谓的商业会越来越趋向于流体化。线上有两个流体：信息流、货币流；线下也有两个流体：产品流、人群流。线上的两股流体和线下的两股流体互相依托。

世界的本质就是流体的，这个世界正在回归它最本质的属性：流动的、变化的、生生不息的。

信息、货币、产品、人群，这四种东西会流动得越来越快，中间的阻隔会越来越少。未来，商家的最大价值就是促进流体流动，商家必须成为流体的推动力，而不是阻碍。

未来，我们唯一要做的，就是要成为一个价值放大者，即要在产品或服务流经你这里时放大它的价值，这样流体才有流经你这里的必要；而不是成为一个阻碍者，让人家必须从你这里流经，然后去收过路钱。

在未来的价值链里，你要想获得价值，首先得有存在价值。

按照这个逻辑，社会一定会越来越公正，价值变得越来越对等，这才是一个高效运转的社会。

第三章

★ ★ ★ ★ ★

思 维

深层认知

产品思维

我经常说，人的发展离不开一个规律：短期拼机遇，中期拼能力，长期拼人品。

人的成功，刚开始要靠机遇，到了一定阶段，就得靠能力，如果想要长期立于不败之地，就必须要有过硬的人品，否则一定会栽倒。

同样的逻辑，商业的发展也有一个规律：短期拼声势，中期拼模式，长期拼产品。

商业的成功，刚开始往往需要借势，要站在风口上。到了一定阶段，就得靠模式，模式必须是与时俱进的。而要想长远发展，必须得提供过硬的产品，否则一定会玩不下去。

以上两个规律告诉我们：一切竞争到最后，都是"人品"和"产品"的竞争。

这是规律。

规律就像一只无形的大手，笼罩在世界上空。人类的技巧如孙悟空的七十二变，规律则是如来佛祖的手掌，人类无论怎么钻研技巧，都绕不出那只无形的大手。

一个社会的发展，往往会经历两个阶段：第一阶段，通过"模式+技巧"的创新，给社会搭好骨架；第二阶段，通过"产品+内容"的填充，让社会有血有肉。

这也是一个"先硬后软"的过程。比如，前些年大兴土木，修桥、修路、建房子，这是一种硬性设施的搭建，目的是做好社会的框架。只有当一个社会的基础设施完善到一定程度时，人们才能更好地搞科研、做产品。

又如，前些年诞生了很多互联网平台，涉及电商、社交、交通、餐饮等，这些平台的出现也是为了给社会搭建框架。这些平台大大提高了社会的运转效率，给了很多人创业和就业的机会。

当我们把社会的基本框架完善到一定程度后，接下来我们的精力一定会放在内容的填充上。因此，中国经济的上半场完成了两大任务：用钢筋混凝土做好基建和房子，推出各种互联网平台提高社会运转效率。

在上半场，两种人最赚钱：搞房地产的，和成功搭建各种平台的。

在搭建框架的时代，发展方式比较粗放，秩序不够完善，很多人都在研究模式和技巧，因此投机者更容易赚到钱，这是现实。

而在下半场，随着商业框架的完善，只有做好产品和内容才有出路。

我经常说的一句话是：中国真正的好时代才刚刚开始，因为从"模式+技巧"到"产品+内容"的升级，其意义不仅在于商业的逻辑不一样了，更在于它能使社会主流价值观发生转变。

一个人人都沉下心来做产品、做内容的时代，才是健康的时代，才是最好的时代。

如今已经不是那个说几句话就可以搞定客户的时代了，因为人的心智正在变得越来越成熟，面对五花八门的套路，在各种经历和阅历的积淀下，"免疫力"将大大增强，人变得越来越理性、越来越淡定。

未来的信息传播将越来越及时，越来越对称，渗透性也越来越强。我们可以随时随地全方位了解各种信息，没有人只愿意听单方面的推销了。于是，你的消费者变了，你的客户变了，你的伙伴变了，人变得越来越理性，很多故弄玄虚的东西都将消失。

未来，人和人唯一能相比的，是看谁更专注。

作为一个演员，你必须要有独到的表演。

作为一个模特，你必须锻造崭新的气质。

作为一个程序员，你必须精通某种特别的路径。

作为一个厨师，你必须原创几道拿手菜。

作为一个保姆,你必须更善于装点生活。

工人要知道自己的美好未来藏在日益精进的手艺上,而不是隔壁的福利彩票店里。

老师要知道自己的财富藏在学生的未来上,而不是自己创收的补习费里。

医生要知道自己的幸福藏在病人恢复健康的微笑里,而不是病人家属送的红包里。

人们要相信赚钱的逻辑是"一分耕耘,一分收获",而不是各种"投机取巧"。

大家都要脚踏实地,而不是整天想着颠覆别人,也不是整天提防被别人颠覆。

成全思维

现在已经不是那个谁可以为谁去死,或者谁需要谁为自己去死的时代了,任何用牺牲换来的关系都注定会发生悲剧。

有一种好心付出,注定没有好下场,那就是一方总是幻想用自己的牺牲,去换取对方的忠诚。

这种关系经常发生在恋人之间、朋友之间,还有家长与孩子之间,但这种付出的结果,往往是既牺牲了自己,又伤害了别人,最后弄得两败俱伤。

大家要记住:这个世界上,只要有牺牲,就意味着有期待。

那些刚开始口口声声说爱你的恋人,口口声声说为你好的家人,到了一定阶段,往往会要求你做这做那,或者禁止做这做那,这就是一种变相的索取。下面的两个例子相当典型。

第一种,为了孩子过度牺牲自己。

相信很多人都听过这种来自母亲的抱怨:"我舍不得吃,舍不得穿，什么都是给你最好的，起早贪黑地干活都是为了你，为了这个家。你却这样不懂事，真让我伤心。"

母性使然，母亲总会牺牲自己的全部来爱护孩子，导致她们活不出自我，总盼望孩子以后可以用同样的态度对待自己。

这其实就是一种绑架，这不仅会让孩子产生叛逆和压抑的心理，还会破坏他们本应该走的道路。

孩子有孩子的幸福，家长有家长的幸福，家长可以帮助孩子实现自己的幸福，而不是把自己认为的所谓幸福强加给孩子。

大家都是独立的个体，不要混为一谈，更不要互相捆绑。

第二种，为了恋人过度牺牲自己。

很多男生在追女生的时候，使出浑身解数还不够，还会透支自己的实力去做一些无谓的事。

的确，女孩子往往都是容易感动的。很多女生就是看到一个男生可以不惜一切代价地对自己好，于是就选择了这个对自己最好的人。然而，这种恋爱最后的结果很可能是悲剧。

做出牺牲的男生刚开始还会为女生继续付出，但到了一定阶段，就会变相地要求女生进行补偿，对女生提出很多要求。而女生往往会被男生所谓的牺牲所挟持，甚至个别极端的男生还会以死相逼。

他们甚至会对女生这样说："我为了你牺牲了自己的一切，你却没有给我相应的回报。"

以上两种所谓的爱，都不是真正的爱，而是打着爱的旗号进行的索取。这是一种隐形的要求，表面上是爱别人，实际上是爱自己。

这个逻辑不仅适用于亲人、恋人之间，也适用于老板和员工之间。比如，很多老板还在幻想通过牺牲员工的休息时间和精力来提高公司的效益，然而，这条路接下来行不通了，因为雇佣关系已经过时了，企业和员工，在未来是彼此成全的关系。

如果一家企业的老板张嘴就谈管理，说明这家企业的管理一定是落后的。为什么呢？因为现在真正的企业，思考的已经不是如何管理员工，而是如何赋能员工。

作为一家企业，必须能够给员工提供可以创造出更高价值的平台，这样的企业才能生存得长久。

未来，人与人之间长久且稳定的关系，就是彼此成全，而不是牺牲一方去成全另一方。

在任何一段关系中，我们都不能盲目地牺牲自己。当然，我们更不能要求别人为我们牺牲。无论你是使用强权、利诱，还是利用感情等手段，只要有人被迫为你做出了牺牲，那么，在另外一个角落里，就会有一颗"复仇"的种子悄悄发芽……

这个世界总有一只无形的手在维持着社会的平衡。

社会越发达，人与人之间的独立性就越强，这已经不是那个互相强加意愿的时代了。

最后送给大家几句话：

一、你的人格越完整，你就越有资格爱和被爱；二、真正的爱不是相互牺牲，而是互相成全；三、要想有资格爱别人，首先你得爱自己；四、成就最优秀的自己，才是你的终身大事。

断点思维

一

人与人最大的区别，是思维方式的区别。

时代在升级，人的思维方式也必须升级，否则一定会被时代淘汰。

传统年代，人们习惯"线性思维"，而如今这个时代，我们必须学会"断点思维"，这才是与时俱进的思维方式。

在过去，我们都是在用"线性思维"思考问题。比如，事物总是沿着某一个"线性逻辑"展开，是可以预测的。所以，我们可以做充分的准备，从而应对可预料的结果。

因此，很多企业总是习惯于做各种规划和计划，以及各种预算等。而现在，我们越来越明显地感受到，事物的发展不再呈现"线性"特征，而是呈现出"断点"特征，即突发性和不可预测性成了常态。

之前，无论是一个公司还是一个组织，或者个人，突发的事情是非常态的，而现在，突发的事情成了常态。

二

我们先来看一个阿里巴巴的例子。马云在谈阿里成功之道的时候，说了这样一段话："我从创业到现在，只写过一份商业计划书，还是写给中国台湾的一家投资公司做风险评估用的，但最后我们因为'网络泡沫'没有去台湾投资。我认为，计划写得再漂亮，遇到环境变动便失去意义，有没有实时应变的能力才是重点。计划写得再好、再仔细，商场情势却未必如你所想。"

原来，马云在二十年前也就是他刚创业的时候，就已经具备了"断点思维"，把变化当成一种常态去看待，这其实才是真正的互联网思维。

再来看网上流传的一个例子。一个曾在诺基亚工作过的资深员工透露，诺基亚在全盛时期做了一件大事——建了一个详细的全球手机用户数据库。这个数据库的数据很精准，是诺基亚花了天价，在全球找了很多调研公司和机构，访谈了数以万计的用户获得的。

这个数据库被认为是诺基亚的核心竞争力之一，每当他们要做新产品，就会打开数据库调出目标用户的各项数据，一张清晰的用户画像就出来了：生活在哪里，年龄多大，做什么工作，有什么爱好，愿意花多少钱买一部手机，多长时间换手机……

然而不可思议的是，诺基亚做了如此周密的部署和计划，被苹果用一个产品就彻底打败了。

大家还记得iPhone4刚问世时的声势吗？当年乔布斯做iPhone的时候哪有什么用户画像啊，凭的只是一种感觉，靠的完全就是抽象的灵感，就把iPhone设计得如此完美，让大家一眼惊艳。

三

巴菲特说过："模糊的正确远胜过精确的错误。"

方向只要大体正确即可，越是试图精确描述，就越容易迷失在无数的细节中，反而忘记了最初的目标。

在互联网时代做新产品，如果你总是按部就班，就一定会掉进怎么证明"你妈是你妈"的流程中，反复耗费巨大的精力，还有各种无效的会议……让你疲惫不堪不说，你最终建成的很可能还是一个没用的"马奇诺防线"。

如今这个时代，变化越来越快，只要方向准确，定位恰当，你努力做好你应该做的即可。千万不要过于在乎事情是不是按照你想的那样发展，然后为了达到目的而去达到目的，这样你一定会越来越适应不了这个社会。

"人无远虑，必有近忧。"一个人如果没有长远的目光，就一定会纠结于当下的各种细节，这也是格局太小的表现。

从现在开始，我们不能再用传统的眼光和经验去理解这个世界，面对一系列社会状态的变化，我们必须学会适应这种状态，而不是试图去掌控它。

四

世界上最可怕的事是什么呢？

是世界已经不是那个世界，但你还是原来的你。

当今世界跟传统世界相比，发生了重大变化。

在传统世界，我们做事一般采用"线性思维"，即一切都是连续性的、可预测的。所以，我们要做好一切规划和打算，这样才能不打无准备之仗。

在如今这个世界，越来越多的事情是突变的、不可预测的；企业的寿命、产品的生命周期、争夺的时间窗口都在以前所未有的速度缩短。

所以，我们必须学会"断点思维"，它和"线性思维"的逻辑区别很大。

断点思维，一定要牢牢坚守一个"点"，这个点可以是核心竞争力、核心价值等，总之它是一种价值聚焦，然后你才可以不变应万变。

有时，最好的准备就是没有准备，最好的计划就是没有计划,因为准备的成本太高,而且大部分是无用的。

计划赶不上变化,变化不如进化。

《孙子兵法》里说:"故兵无常势,水无常形,能因敌变化而取胜者,谓之神。"也就是说,世界唯一不变的就是变化,能够根据外界变化而适时调整的人,才是最牛的人,可以称为神人。

五

然而,还是有很多人一如既往地把精力放在各种计划、调研、评估上。

其实,这个世界只有一种认真是有价值的,那就是认真地对待自己的初衷。

有一种认真是虚伪的,那就是为了能够按部就班而采取各种牵强的措施。

在未来的世界里,我们只需把所有的精力都集中在一点上,努力做好该做的,其他的一切自有安排。

防止骗局

一

我们生活的这个时代,治安环境越来越好,同时,有一种隐忧却越来越大,那就是各种骗局越来越多,尤其是高端骗局,让人防不胜防。我们的生活就像十面埋伏,生活中的我们每天如履薄冰。

那么,究竟该如何防范这些骗局呢?

你有没有发现一个现象:越高端的骗局,越高喊着正能量,越是披着善良和爱的外衣。

时代不同了,骗子的手段也在与时俱进,如今的骗子越来越会钻研,甚至会"温暖"你的内心,给你带来"希望"。

这个世界越好的东西,越能藏住坏的东西,所谓大真必出大伪。比如,区块链是不是一个好技术?当然是。然而,自从区块链被提出之后,有多少骗子打着区块链的幌子敛财?数不胜数。

又比如，国学是不是一个好东西？当然是。国家一再重视传统文化的复兴，然而，国学又被多少培训机构当作敛财的工具？他们一边让你做圣人，一边自己却偷偷做小人，变相地获取你的财富，掏空你的口袋。

社会上就是有这么一帮人，专门追捧各种新鲜概念，专门高呼正能量，然后用来变现自己的贪婪。这些人永远"立足"于时代最前沿，大发横财。

每一个新概念出来，每一个正能量思想诞生之后，总是会被一拨骗子抢着利用，这让人多么痛心！

大家要记住一个道理：最好的东西永远是和最坏的东西并存的，天堂的隔壁就是地狱，天使的身边就是魔鬼。越好的概念越容易被利用，我们一定要注意甄别。

二

我们再来看一下骗子是如何利用正能量蛊惑人心的。

骗子利用正能量的一般句式就是："只要你……你就能……"比如："只要你按照我们所说的坚持下去，你就会获得成功。""如果你还没成功，那就是你努力得还不够。"这种正能量经过各种加工，充满了辩证色彩，从骗子嘴里说出来，简直就是口吐莲花，这可是如今骗子的标配啊。

这些话看似很有道理，实际却是没用的废话，而且让你连反驳的余地都没有。

还有很多骗子从网上找来各种心灵鸡汤,在现场播放给大家,在音乐和气氛的烘托之下,很多人听得如痴如醉,但一回到现实生活里,还是要面对那一堆破事。

那些励志的鸡汤段子,看似能鼓舞人心,但它们其实是在悄悄地毒害你。

因为他们把你当成一个标准件来处理,完全忽略了你的特点、你所处的环境和你的资源。这个世界上不存在现成统一的方法论,因为每个人的情况不一样,即便面对同样的事情,用同样的方法,不同的人去做往往也会有不同的结果。

让这些不一样的人,用同一套方法去获取成功,完全就是无稽之谈。

利用正能量的套路,本质是骗子制造了一把钥匙,然后告诉大家这是一把万能钥匙,只要你拥有这把万能钥匙,所有问题都能解决,很快就会成功。

这其实是在偷懒,是在找成功的捷径。大家要记住一句话:真正的聪明人都在下笨功夫,只有笨蛋才在找捷径。然而找捷径这种野路子,符合大众心理,符合人性的需求。

《乌合之众》里说:"大众只会被极端的感情所打动。"因此,那些极具煽动性的演说家会出言不逊、信誓旦旦,他们只会用夸大其词、不断重复的方式,而不会用说理的方式去证明任何事情。这是说服群众的不二法门，也是骗子们惯用的说服技巧。

三

提到赚钱，都是内行人赚外行人的钱；而骗局，都是高认知的人骗低认知的人。为什么呢？因为当A的认知处在B之下时，B说的每一句话都超出了A的认知，这时，A就会被B牵着鼻子走，最后走入B设下的圈套。

骗子口中的正能量，其实偷换了一个概念，他们把人的迷茫跟他们贩卖的产品联系在一起。对那些认知不高的人来说，他们理不清其中的联系，就会一步步走进骗子的圈套。

因此，提升自己的认知，才是防骗的核心要领。

很多骗局的受害者，其认知水平往往很低，他们的认知根本不足以驾驭他们所占有或继承的财富。当一个人的认知不足以驾驭他所拥有的财富时，这个社会有一百种方法收割他的财富。

放下思维

有一次，孔子给颜回讲了一个道理。

一场赌局中，决定胜负的东西是什么？

既不是技巧，也不是运气，而是你赌博时下的注。

为什么呢？

有人拿普通的瓦片当赌注，他赌得潇洒自如，因为他不在乎这个瓦片，所以不急不躁，稳扎稳打；有人拿昂贵的带钩当赌注，他赌得战战兢兢，因为他总担心输掉了带钩，所以心存恐惧，束手束脚。那个拿带钩当赌注的人，在赌局还没有开始时，就神志昏乱了，其结局可想而知。因为他太在乎结局，所以患得患失。

其实，很多人之所以总是输，总是走不出困境，都是被自己手里的东西束缚住了。

我见过很多人谈自己的产品，反复地说产品多么多么好，从材料到做工，从价格到服务，都比市面上的其他产品好很多，但就是卖不出去，为什么呢？

因为营销产品的价值，不只取决于产品本身，还取决于产品之外的东西。比如，喝茅台真的是为了喝那个酒吗？排队买喜茶真的就是为了一杯茶吗？如果不放下产品去谈产品，就会被局限在产品里出不来，越陷越深。

同样的道理，很多人一上来就给你推销东西，迫切地想把产品卖给你，这种人充其量就只是一个销售员。真正厉害的销售是放下销售谈销售，不知不觉中就把东西卖给你了，还让你觉得自己占了一个大便宜，不先笼络了你的心，还进一步挖掘了你的购买潜力。

其他领域也是如此，张嘴就谈设计的设计师充其量是个普通的设计师，张嘴就谈策划的策划专家充其量是个普通的专家，因为真正驾驭某项技能的人，不会被技能束缚。

人生的最高境界无非两个字：放下。如果能放下产品做产品，放下生意做生意，放下策划做策划，那么，你就成功了。

武学中有一句话叫"心狠手不准"，它的意思是：心越狠的人，出手越不准。因为心狠的人总是恨不得一下子就将对方置于死地，但越是这样，他就越打不中对方的要害。

还有一个例子：一个男生追女生，他越在乎女生，心中越放不开，就越追不到。为什么呢？因为这个男生太想得到对方了，

137

以至于做的每一件事目的性都很强。这会让女孩有一种被挟持的感觉，会想离这个男生远一点。

很多人做不好事情，就是因为把手里的东西攥得太紧了，或者总是盯着目标不放，总是放不下。有一句话叫"凡外重者内拙"，意思是越看重身外之物的人，思想就越笨拙。

世间所有的技巧都可以学习，人的能力和机遇也都差不多，人和人最关键的差别就是心态。

实际上，如果一个人能放下，那么在他放下的那一刻，人就顿悟了，心境马上就不一样了，解决问题的方法自然就有了。

但是，现代人的欲望太强了，恨不得一口吃成大胖子，甚至把每次机会都当成一夜暴富的救命稻草，所以在面临各种机会的时候容易患得患失，束手束脚，惊慌失措。越放不下，就越容易失去。

所以，绝大部分人不是败给了对手，而是败给了自己。世间大部分的失败，其实是败给了"在乎"二字。

为人处世，"放下"就是最高的层次，是主导一切变局的秘诀。

放下产品谈产品，放下创业谈创业，放下理想谈理想，才能真正地触及本质问题，才能有"山重水复疑无路，柳暗花明又一村"的感觉。

每个来到这个世界上的人，都带着一个相同的目的：求名图利。如果一个人能放下名利心，那么，他便能名利双收。

当局者迷，旁观者清。只有跟事物保持距离，才能把事物看得更透彻，才能把局面把握得更精准，才能有一种超然的心境。

放下吧，所有的答案就都有了。

故事思维

这个世界的本质，就是靠各种故事构建一个大场景。

世界上最大的特权就是讲故事，谁拥有讲故事的权力，谁就拥有了话语权。

比如，《圣经》这本书，是世界上流传时间最长、流传范围最广、翻译最多的一本书，这本书最大的特点就是里面全是故事。

又如，《论语》《金刚经》这些影响力巨大的书籍，是由各种对话场景、各种故事组成的，更不用说《一千零一夜》《伊索寓言》这些著作了。

这个世界上最高明的行为，莫过于通过故事影响别人。

我们从小就是听着各式各样的故事长大的，故事是我们了解世界的最好途径。

能够把一个个琐碎的点联系起来，以通俗易懂的故事呈现出来,并有侧重地表达其中的关键环节,让大家自己去思考、下结论,这就是讲故事的能力。

故事思维,就是一种场景化思维,是未来最重要的思维。因此,讲故事的能力,就是未来最重要的能力。

有句话叫"授人以鱼,不如授人以渔",这里的"鱼"是道理、答案,而"渔"就是故事。因为呈现的答案往往是确定的,而故事是开放的,能引导听众自己寻找解决方案,而能让每个人得到不同的答案才是最好的答案。

伟大的哲学家苏格拉底从来没有直接告诉过别人道理或知识,他只是不停地和人对话。对话的本质就是构建故事场景,让别人去思考。他认为道理并不能灌输给人,而存在于每个人都具有的潜意识里,只不过人自己还不知道。苏格拉底像一个"助产师",帮助别人自主启迪智慧。

跌宕起伏的故事情节更容易影响人们的情绪,从而引导人们决策,而且能让人们牢牢把握住对故事的最终解释权,也就是对客观事实的解释权。

创业者必须学会讲故事。讲故事是打动投资者最好的办法,用故事描述自己的理想和未来,把他们带入你的故事里,你就离成功不远了。

传统的表达:我的目标是做一个市值千亿的高科技公司;场景故事的表达:我坚信有一天,我的产品能够进入千万家庭,让无数妈妈的脸上扬起笑容，我想那样我就成功了。

产品经理必须学会讲故事，你推出的每一款产品，都要和人们的生活场景息息相关。用户有千万种生活场景，他们有偏好、有向往，你要从用户的角度去设计各种故事。当然，设计故事不是最终的目的，最终的目的是你要围绕设计好的故事去设计产品，这才是打造产品的最好办法。

过去，我们在乎的是用户规模，是流量；未来，我们应该把用户具象成无数的场景和故事，丰富存量。

领导必须学会讲故事，因为规矩本身是没有温度的，道理本身是冰冷的，人类本身也是有偏见的。只有将人们带入一个幻想的世界里，人们才能变得更感性，更容易被说服，从而更容易被管理。而故事能将矛盾本身转化为矛盾双方的自我思考，于是矛盾便迎刃而解。

普通人也必须学会讲故事。比如，理想这个东西人人都有，给别人描述自己的理想可能是件挺尴尬的事情，不如浪漫一点，给大家讲一个如同史诗般壮丽的故事吧，你会发现那感觉完全不同了。

《乌合之众》里面有这样一句话："掌控了影响群众想象力的艺术，就掌控了统治他们的艺术。"

这个世界最终属于那些最会讲故事的人，故事把冰冷的真相变得柔和、浪漫。世人不愿意接受真相，真相只有披着故事的外衣才更容易被人们接受。

商业的本质就是讲故事。看看我们身边吧，每天都有各种公司投入金钱在我们耳边讲故事，从广告、包装、促销到电视、电影等，每天都有各种各样的故事诞生。

甚至连摆地摊都需要讲故事，比如："江南皮革厂倒闭了，老板吃喝嫖赌欠下巨债……"这个生动的故事直到现在还在我们耳边回荡，只因为它太深入人心了。

真正的高手都在讲故事。

灰度思维

一个人越成熟，越能发现一个道理：现实中的事物往往不是非黑即白、非对即错，现实中的人也并不是非善即恶、非敌即友，这些都是可以随时转化的。

所以，如果我们单纯地用"对"和"错"去判断事情，就会有失偏颇。

西方社会是二元社会，很多事情都是讲对立的：要么对，要么错。而中国则讲一生二、二生三、三生万物……我们有了一个"三"，可见很多事物不是对立的，而是并存的。

因此，西方人做事总是求个对错，而中国人做事总是在把握分寸，为人处世的精髓在于对尺度的把握。

把握分寸，才是人生最重要的艺术。

很多人能成功，并不仅仅在于他们多么聪明、勤奋，更在于他们懂得什么叫恰如其分、不偏不倚，时刻都能找到那个平衡点。

以吵架为例，西方人处理吵架，总是会把对错分得很清楚，而中国人处理吵架，是不会把对错分得很清楚的。比如，两兄弟吵架，要是非得分出对和错，结果是明朗了，但兄弟两人的心也散了。即便分了对错，即便你赢了，但感情出现嫌隙了，又有什么意义呢？

所以在中国，成年人处理兄弟吵架、老师处理同学打架、领导处理员工争执，一定会说两个都有错，两个都该骂，之后还会让他们互相反省、互相道歉、互相承认错误。

所以，中国人讲究彼此各让一步，夫妻之间、兄弟之间、同事之间、同学之间，如果一定要分谁对谁错，分到最后必会离心离德，即便天天处在一起，有时候却还不如路人。

即便你有理，即便你是对的，即便你有功，你也不能得理不饶人。你必须时刻检讨自己还有哪里不足，毕竟人无完人嘛。你应该看看自己该如何进步，甚至你要让对方和你一起进步，这才是大格局。

又如，有很多人认为自己做的是对的，就开始钻牛角尖，对人寸步不让，咄咄逼人，一副有理走遍天下的样子。这种人到最后往往会遭到别人的嫉恨和算计，古往今来，栽在这种事上的人太多了。

所以，如果不懂得把握分寸，事做得越对，得罪的人反而可能越多。因为你总认为自己是对的，从不肯让人半分，所以你会被周围的人孤立。

因此，我们一定要明白一个道理：假作真时真亦假，真作假时假亦真。真真假假，是是非非，是可以随时转化的，对里往往有错，错里往往有对，这也叫灰度哲学。

好事虽然可以做，但如果做绝了，同样会变成坏事，因为对的极致就是错，错的极致就是对，黑的极致就是白，白的极致就是黑。善与恶，好与坏，同样遵循这个逻辑。世事没有绝对，一直在循环与转化，就看你如何把握那个"度"了。

灰度思维，才是最接近世界真相的思维模式。

因为真实的世界不是棱角分明的，不是非黑即白的，而是圆润的、混沌的、无常的。它黑中有白，白中有黑，黑随时可以变成白，白随时可以变成黑，这就是灰度。

任正非是最懂灰度哲学的企业家，他曾经说过："任何黑的或白的观点，都是容易鼓动人心的，而我们恰恰不需要黑的或白的。我们需要的是灰色的观点。"

"一个清晰的方向，是在混沌中产生的，是从灰色中脱颖而出的，而方向是随着时间与空间而变的，它常常又会变得不清晰，并不是非白即黑、非此即彼。"

"不要嫉恶如仇、黑白分明……干部有些想法或存在一些问题很正常，没有人没有问题。"

可见，任正非才是真正的"人性大师"，他对人性的深刻洞察可谓拔草瞻风。

任正非说："允许异见，就是战略储备。那些满脑子条条框框的人，以及心中装满了是非对错的人，往往都是情绪、规则或偏见的奴隶。因为他们总被自己的情绪牵动，总是被外界规则束缚，或者以自己固有的偏见去下结论，这就是自我封闭。"

人一旦走向自我封闭，往往只能感受到自己愿意感受的东西，只能听见自己愿意听到的话，就会形成一种过滤机制，把不符合自己思维的东西屏蔽。于是，无论外界如何变化，他们都感知不到，直到有一天被彻底淘汰，才发现自己的愚昧之处，但为时已晚。

河流可以百折千回，终归大海。人也可以这样，迂回过程，丰富方法，结果一定符合趋势。

西方人更注重过程的公平，而中国人则讲究结果的公平。灰度哲学倾向于忽略过程，直奔结果。比如，要允许别人犯错误，对别人要求不能太苛求，对眼皮底下发生的很多事情可以视而不见，只要结果符合人心所向，就可以适度放开。

灰度的本质，就是时刻怀着开放的心态，动态地去认知事物，永远做好接纳各种不确定因素的准备。勇于面对不确定因素，均衡、失衡、再均衡，不断地重复这个过程。善于平衡局面，是最高境界的管理艺术。

恰如其分、和谐圆满，才是我们追求的极致，也是大格局的体现。

人生的本质，是要在灰度中寻找光明。

最后，检验一个人能力强不强的标准，就是看他在头脑中同时存在两种相反想法的情况下，还能不能维持正常行事的能力。

混沌思维

大约150亿年前，宇宙还未诞生，一切都是虚无缥缈的，世界还处于没有中心、没有边界的"混沌"状态。

老子把这种状态称为"无极"，他说，知道外界环境的特点，同时又能守住自己的特性，是应对一切变化的根本。于是，一切都会返璞归真，回归到最简单却又最根本的状态。

无极就是事物最原始的状态，同时也是事物最崇高的状态：无极生太极，太极生两仪，两仪生四象，四象生八卦，八卦演万物，万物回无极。

一切都处于无极化、混沌化，如果能用混沌的眼光看待这个世界，很多事情就能想通。

环顾一下周围的世界，我们可以发现世界的确在混沌化。比如，各个行业的边界越来越模糊，各种学术之间也开始互相交叉。

企业与企业之间的边界被逐渐打开，企业不再是封闭的组织，而是成为包容性和扩展性很强的平台，并且开始互相越界和穿插。

人与人之间的限制也被逐渐打破，人们不再被限制于某个特定的位置，而是开始互相越位。

如今，那些厉害的人往往善于跨界，能够在不同思维路径上找到交汇点，建立全新的认知坐标，游离于各种状态之上。如今，那些厉害的企业往往手握用户和数据资源，能击穿不同领域之间的篱笆，建立融会贯通的机制，并成长为创新型组织。

现在诞生了很多我们难以用传统词汇形容的个人或企业，他们看起来似乎"不伦不类"，却表现出了极强的适应性，发展迅速，颠覆了很多传统的经验理论。我们应该大胆地接受他们，因为这将是今后世界的常态。

另外，世界上的很多事物不再是"非对即错""非黑即白"，现实中的很多人也不是"非善即恶""非敌即友"。是非对错，黑白善恶，就看你站在什么角度去看，它们是可以随时转化的。

这就是一种混沌的状态，一切都变得似是而非。

世界正在回到它最本源的状态：混沌的、流动的，不断地趋向于一种平衡，又打破平衡，再形成新的平衡，循环往复。

在未来这个无常的社会里，你要想有存在价值，必须先能创造价值。无论世界处于多么混沌和流动的状态中，只要你时刻有价值，就会一直立于不败之地。

讲理思维

以前有句话叫:"有理走遍天下。"真是这样的吗?

先看看家庭。家是一个需要讲理的地方吗?不是,家其实是一个需要讲爱的地方。

我们在和爱人、家人沟通时,如果一味地讲道理,这个家就会越来越缺少温馨的感觉,不像一个真正的家。

尤其是很多男人在外面应酬惯了,回到家跟老婆讲理:这应该怎么样,那应该怎么样。这其实是一种错误的沟通方式,只能积累矛盾。

家需要的是包容和关怀,你再能赚钱、再有理,到了家里都得卸下理性,卸下你的光环。不要再去盘算应不应该、对或者不对、怎么才合理,而应该向家人倾洒你的爱。

再看看职场。职场、生意场是一个需要讲理的地方吗?显然也不是,职场是一个需要讲利的地方。

我们在和伙伴、客户沟通时，如果一味地讲道理，你的客户或伙伴就会对你越来越嫌弃，你会被大家逐渐孤立。

职场上的每一个人都是奔着"利"字来的，天下攘攘皆为利往。管你讲不讲理、有没有理，你只要把人对利益的需求满足了，大家都会服你。

如果不能满足大家对利的追求，你再对又如何，再明事理又如何？

现在大家发现了吧，家庭和工作这两种人生中最常见的场合，都不需要讲理。

面对尊者、强者的时候需要讲理吗？其实也不需要。

面对这些人最需要讲究的是一个字：礼。

比如，面对长辈、老师时，无论你做得多对，都得表现得毕恭毕敬。很多人总以为自己是对的，或者自认为有理在先，就可以在尊者面前理直气壮、肆无忌惮，甚至冒犯他们，这就是最大的"无理"。

尤其在面对强者的时候，你就更没有讲理的分儿了。你再有理也要做到隐忍不发，表现出一副服服帖帖的样子，从而让自己处境安全，悄悄地积聚力量。

面对弱者的时候需要讲理吗？也不需要。

面对弱者需要讲的是一个字：仁。

如果我们总对弱者讲理，只能说明我们冷血。弱者本来就是按照强者设计的逻辑生存的，如果不能给予弱者足够的关怀，弱者就会走向强者的对立面，积聚社会矛盾。

强者要对弱者常存仁爱之心，给他们更大的生存空间。这是一个社会最大的仁慈，也是强者最大的智慧。

面对冲突的时候需要讲理吗？其实也不需要，现在唯一能解决冲突的是法，而不是理。

如果只讲理的话，就不会有"防卫过当"这个罪名了。很多人在和别人发生冲突时，总以为自己有理在先就可以大打出手，这是非常错误的一个认知。

执法单位是怎么处理打架事件的？首先看谁动手，其次看谁把谁打伤了。只要你动手了，哪怕你有理，也要负责任。如果你把别人打成了轻伤，还得负刑事责任，这跟你有没有理没有关系。

这个逻辑同样适用于其他各种软性冲突。处理冲突时，懂法的人远比讲理的人高明。随着法律体系的完善，未来社会会越来越讲法。

只有人人都讲道理，讲理才有价值。

讲理要看情况、分时候，不要一味地只讲理，要学会变通，只有合适的场合才去用它。

精进思维

人最愚蠢的行为，莫过于总是企图用身体上的勤快来弥补思想上的懒惰。

爱因斯坦说过这样一段话："如果给我一个小时解答一道决定我生死的问题，我会花55分钟来弄清楚这道题到底在问什么。一旦清楚它到底在问什么，剩下的5分钟足够回答这个问题。"

这就叫磨刀不误砍柴工。如果没有思考的配合，所有的努力都只能叫重复劳动，你的生活不会有丝毫进步。

我们必须记住两个词。

第一个词叫"逼近"。

逼近什么？逼近各种现象的本质。

如今这个社会，信息传播高度发达，每个人都像一个信号塔，能随时随地地接收和发出各种信息。然而，越是信息爆炸的时代，思考越是一件困难的事。因为会有人给我们制造假象，或是试图直接给我们答案，甚至努力把我们变得更愚蠢，这背后藏着的全是商业目的。

越是在这样一个似乎什么都能看见的时代，我们越是什么都看不见。的确，在信息时代，我们都成了睁着眼的"盲人"。

这个世界看似越来越公开，越来越透明，但同时也在生成各种无形的区域，不同区域的人看到的世界是不一样的。很多人坐井观天，也有人盲人摸象，人的敏锐度正变得越来越低。

人的大脑遵循用进废退的原则。一个人只有培养独立思考的能力，建立自己的思想体系，才能不被外界的信息迷惑。

从现在开始，每看到一个信息，你必须进行下面四个维度的思考：

一、这个事情呈现的是"表象"还是"真相"——看过去。

二、这个事情的出现是"偶然"还是"必然"——看现在。

三、这个事情的出现是否隐藏了某个真实的逻辑——看本质。

四、这个事情的出现昭示了什么样的趋势——看未来。

这就叫认知坐标体系，它由以上四个象限（维度）组成。记住这四个维度，在一次次地反复追问后，你就会形成一种善于逼近本质的能力。

第二个词叫"精进"。

什么叫精进？就是说每次比上一次进步一点点。

记住，慢就是快。千万不要忽视每天进步一点点的力量，也不要试图一口吃成胖子。真正的进步是水滴石穿般的累积，这就叫精进。

大家再记住一句话：正确地做事，不如做正确的事。只要坚持做正确的事，再依靠时间的辅助，就一定能产生奇迹。

精进，也可以理解成复利思维。

巴菲特说："人生就像滚雪球，关键是要找到足够湿的雪和足够长的坡。"人要做到财富增长并不难，但能持续数十年，这个世界上只有巴菲特等极少数人能做到。

有些人总想着一夜暴富，追求过高的回报率，而更多人早已陷入重复劳动的轮回里，每天浑浑噩噩，消磨自己的斗志。人生如逆水行舟，不进则退，真正厉害的人都在追求叠加和迭代，一步一步往前走，步步为营。量变一定能引起质变。

精进，一定是以结果为导向，无论你用什么办法，每次都必须比上一次有进步。

为什么对于大公司来说，稳定压倒一切？其实对于真正成熟的公司来说，最重要的不是创新，而是稳定，只有走得稳，才能走得远。

只有初创型的小公司才迫切需要创新，需要自我革命和颠覆。人生也一样，越往高处走，越需要稳。稳中有进，就是最好的状态。但请记住，稳字在先。

成功的两大法宝，一是逼近，二是精进。务必记住，人生的改变，不是从改变思维开始，而是从改变习惯开始。

这两大法宝，不是两种思维，而是两种习惯。

它们需要经过长期的自我暗示和训练才能养成，但这两个习惯一旦养成，就不会觉得生活辛苦，反而能发现乐趣。

从现在开始，不要再用战术上的勤奋掩盖战略上的懒惰了。

"活着"和"生活"的区别在于：活着，是只活了一天，然后重复了几万次；生活，是把每一天都活出不一样，把每一天都活出精彩。

如果只是为了活着，我们谈的一切都毫无意义。

精神挑战

　　19世纪威胁人类的是肺病，20世纪威胁人类的是癌症，21世纪威胁人类的一定会是精神疾病。

　　人类未来将面临的最大挑战，根本就不是人工智能，不是经济危机，也不是癌症，而是人类自己的精神问题。

　　因为世界上所有的事物都是相对的，当人类在物质财富积累这条路上狂飙时，精神世界必然会陷入无尽的空虚之中。

　　物质的进步给人类带来了许多生活上的便利，但同时也给人类带来了精神上的痛苦。

　　人类固然很聪明，善于发明创造出各种与时俱进的工具，但我们也应该发现：这个世界的变化越来越快，快到我们根本来不及接受可能就会遭遇当头一棒。

　　人类的聪明有时是作茧自缚，这就像孙悟空和如来佛祖的关系，任孙悟空有再大的本领，也逃不出如来的手掌。

未来的社会，各种事物的迭代速度还会不断加快，变化周期还会不断缩短，各种不可预料的事情会越来越多，我们随时要做各种防范和准备，精神随时会处于紧张和不安之中。

焦虑、紧张、抑郁、迷惘等情绪，已经充满人们的内心。的确，物质这条路我们越走越快，也越走越胆寒……

我们一定要有足够强大的内心，去迎接外界的各种变化，防范出现精神方面的问题。

世界卫生组织提到过，精神疾病已经成为21世纪的重要疾病。

更让人意想不到的是：人们原本以为只有成年人才会得抑郁症等精神疾病，可是如今，青少年的发病率也不低。

过去的一些价值观念在如今的成年人身上不见了，青少年没有了学习的榜样，于是就去模仿电视和电影中的故事人物，就更容易产生心理疾病。

尤其是随着科技发展，未来各种虚拟现实、网络游戏等会把人类带入各种场景中。于是，人类沉浸在幻想和虚拟世界里，在现实世界里的表现就容易一团糟。

如果我们再不做防范，未来，心理变态、精神分裂、抑郁、压抑的人只会越来越多。

人类的精神危机甚至比世界大战、环境污染给人造成的危害还要大。

在未来，一个人掌握了多少技能不再那么重要，重要的是一个人的内心是否健康，是否强大。

留量思维

一般来说,一个行业的周期是20年。我们就以房地产和互联网为例,做一个探讨。房地产的真正起点是1998年的住房改革,从那之后,房企进入快速发展的时代,它的发展模式是不断地"拿地建房"。

直到2018年,各方都明显感觉到这种模式已经走到了尽头,房企开始进入"盘活存量"和"生活服务"的时代。

从1998年到2018年,房地产基本上经历了一个完整的大周期,下一个时代正在开启。

再看看互联网行业,也是以1998年为起点。当时四大门户网站成立,互联网行业进入高速发展时期,随后又孕育了腾讯、阿里巴巴、百度、京东等互联网企业。这是属于大流量的时代,流量主导一切。

直到2019年,各方都明显感觉到流量时代已经过去了。因为流量越来越贵，凡是能拉到线上的都已经被拉过来了，互联网企业开始进入"深挖用户"和"服务实体"的阶段。

这也说明流量为王的时代正在消亡。

从1998年到2019年，互联网也经历了一个完整的大周期。流量主导一切的时代告一段落，我们进入了产业互联网时代。

根据这两个行业的发展规律，我们也可以大概总结出商业变化的趋势：企业千方百计地获取客户的时代已经过去，未来企业必须拥有深度服务客户的能力。

从本质上来讲，未来最贵的东西其实是"人"。

我们之前是不断地吸引客户（人），花钱买客户（人），而今后我们必须拥有留住客户（人）的能力。

关键问题来了：靠什么才能留住人？靠什么能留住一个人的心？

我们必须明白：人与人之间唯一长久的关系，不是喜欢和被喜欢，不是依靠和被依靠，不是馈赠和被馈赠，而是成全与被成全，留住一个人的最好办法就是成全他。

对于未来的企业而言，营销变得越来越不重要，做好产品和服务更重要。因为靠噱头吸引别人，只会昙花一现；靠施舍吸引别人的，一定会被背叛。谁要是再试图通过某种手段（如补贴和炒作）来吸引用户，必然失败。

营销的升级就像恋爱的升级：之前的你，总想花枝招展，只为了让她在人群中多看你一眼；现在的你，需要千锤百炼，让她寸步不离。

如何用你的商品或者服务成全你的客户？这才是企业应该思考的终极问题。

世间过客匆匆，人们来来往往，比"吸引"更重要的是"留下"。

切记流量思维已不再适用，未来比拼的是留量思维。

破局思维

我经常说的一句话是：普通人都在埋头做事，真正的高手都在做局。

其实比做局更高明的叫"破局"。什么是破局？

太极为什么可以四两拨千斤？因为它的原理是"借力打力"。破局的原理就是"借局做局"，借别人的局做自己的局，这才是真正的运筹帷幄。

大家要记住：比"做局思维"更厉害的是"破局思维"。

做局的关键在于制定规则，破局的关键在于找到规则漏洞，破掉对方的局，甚至顺势再做自己的局。

战国时期七雄并立，当时东边的齐国和西边的秦国最为强大。齐国是传统强国，而秦国是后起之秀，经历了商鞅变法和几代明君才强大起来。秦、齐两国东西对峙，其他五国穿插其中，时而对抗，时而联合，外交活动频繁，矛盾错综复杂。

后来苏秦出山了,他游说东方六国自南向北纵向联合,把秦国包围起来,这叫"合纵"。之后六国一起对抗强大的秦国,使秦国十五年不敢出函谷关,这就是做局。

再后来,破局的人出现了,秦国的张仪挨个游说各国,逐个沟通许诺,逐渐瓦解了六国的合纵联盟。用连横去破合纵,再结合"远交近攻"的战略,各个击破,这就叫破局。最终,秦国实现了大一统。

其实,历史一直在不断地重演。面对当今之局势,我们总能在历史中找到借鉴。

能不能打破陈旧的利益平衡,构建新的利益平衡,是破局的关键。

如何才能做到这一点呢?记住以下三个步骤:

一、分解。

首先要找到传统利益格局中的各个利益方,研究他们利益的关联性,梳理其中的脉络关系,越清晰越好。

二、找漏洞。

找到传统格局中的漏洞。要知道,再完美的系统都有漏洞,就像黑客入侵一样,找到漏洞就能入侵。漏洞也可以理解为传统秩序中的隐形冲突。有些冲突早就在了,只是被设法掩盖了,揭开并放大这个冲突,往往就有牵一发而动全身的效果。

三、组装。

找到漏洞之后,要帮助漏洞所涉及的利益方重新构建更加和谐的利益关系,这一点很关键。破局的本质不是破坏,而是创新。破坏是以毁坏为目的的,不需要再组装,而破局的关键在于能够组建一个更完美的局。

有人做事就有人做局,有人做局就有人破局,这也叫一物降一物。

认知坐标

比勤奋努力更重要的是深度思考，比深度思考更重要的是建立认知坐标。

在这个信息快速传播的时代下，如果不能建立自己认知世界的坐标体系，就会像一只无头苍蝇，永远只能是蝇营狗苟之辈。

首先，信息是可以被制造出来的，既然信息可以被制造，就一定会有人利用信息来达到各种目的，如商业营销的本质就是运用信息不对称的状况、心理学知识等来圈定客户。

美国知名学者迈克尔·R·所罗门在《消费者行为学》一书中这样说："我们身边时刻有成千上万的公司，花费数以亿计的美元，在广告、包装、促销、环境，甚至电视、电影里做手脚，从而影响你、你的朋友和家人的消费意愿，从中获取利润。"

既然信息能自由制造，那些掌握话语权的人（如资本家），必定会利用话语权的优势，在你周围制造出一个"信息包围圈"，让你身陷他们给你创造的世界里，按照他们给你设定的逻辑去思考问题，如各种节日大促、广告语等。

除此之外，还有各种自媒体，故意用危言耸听的内容吸引你的关注；直播网站上的主播，变着花样刺激你的神经；很多小说网站，故意用限制级的内容吸引你付费阅读。这就是一种变相的诱惑，让你沉浸其中无法自拔。与此同时，你会对那些真正有价值的东西视而不见，因为它们太不起眼、太朴实了。

信息自由传播的时代，并不意味着有价值的信息可以自由传播。因为越是负面的内容越容易传播，越有价值、越正能量的内容越容易被人忽略。比如，谣言、谩骂、色情等垃圾信息漫天飞舞，而那些真正有价值的信息总是被掩盖。

打一个比方，假设你正走在大街上，这边有个哲学家在演讲，那边有两个人在打架，你更愿意去看哪个？

毫无疑问，绝大多数人都会被两个打架的人吸引，尽管他们扯衣撒泼、粗俗不堪，也会被人围观。而哲学家的演讲无论多么昂扬、多么有水平，一般鲜有人问津。

信息不对称的时代，往往是先知先觉者抢占先机；而在信息高度对称的时代，往往是趋利者在幕后操控。

人为什么越来越浮躁，越来越焦虑？因为我们每天接收了太多杂乱无章的信息，开始被自己的各种杂念和欲望控制，人人都觉得自己只差一个机会，人人都相信自己可以一夜暴富……

所谓嗜欲深者天机浅，人的杂念和欲望越深重，就越看不到真实的世界。

这个朗朗乾坤、昭昭日月的时代，我们都成了睁着眼睛的盲人。

未来，比"守身如玉"更重要的是"守心如玉"。我们一定要培养独立思考的能力，建立自己的认知坐标，时刻保持清醒和独立。

五大思维

一、游戏思维

游戏思维的发源地是深圳，腾讯是游戏思维的集大成者。

多数年轻人都玩过《绝地求生》或《王者荣耀》，从小学生到中年人，很多人都对这些游戏着迷。实际上，真正让这些人痴迷的并不是几款游戏，而是游戏思维。

游戏思维的本质，是让用户以一种有计划、有方向的方式获取乐趣，是按照人性逻辑设置的商业路径。比如，一层又一层的关卡，以及随机给予闯关的各种奖励，会不断刺激用户的探索欲和好奇欲，每满足一个欲望，又会自动生成下一个欲望。人的欲望是个无底洞，这样用户就永远离不开商家，商家就借助这个过程谋利。

举个例子，以前很多青少年的QQ日夜都是登录状态，目的就是为了升级，而升级是为了QQ等级能够超过他人。这是人性里的攀比基因在作祟，可见QQ也是按照游戏思维设计的产品。

　　游戏思维无处不在，现在很多互联网产品和平台的设计都运用了游戏思维的逻辑，这样才能让用户离不开它们。利用人性的弱点去赚钱，虽然充满了争议，但只要这个时代存在商业，就离不开这些游戏思维的运用，关键是度的问题。

二、电商思维

　　电商思维，说得通俗一点就是卖货思维，发源地是浙江。浙江的小商小贩特别多，只不过之前在线下进行，现在搬到了线上。

　　杭州作为浙江的省会，汇聚了大量商贩，后来又诞生了阿里巴巴（淘宝、天猫）这种超级卖货平台。这不是偶然，而是必然。

　　所谓卖货思维，即一切都是以卖货为最终目的，管你有没有思想，管你是什么价值取向，能把货卖出去就厉害。

　　卖货的手段无非就是价格战、做促销、买流量等，只不过从传统的卖场搬到了线上平台进行。电商和直播的出现，使卖货思维更具象化，如网红带货、直播购物等。

　　如今的杭州俨然成了网红聚集地，遍地都是卖货的吆喝声。还记得十年前的电视购物吗？一男一女两位主持人声嘶竭力地吆喝着："数量不多，欲购从速，赶紧拨打屏幕下方的电话购买吧!"

现在我们又在各大直播平台听到了类似的吆喝,一个个直播间里,网红们拼命地吆喝着。所以,历史很有意思,它从未改变,只是在不断地重复。

卖货思维是一种初级的商业思维,门槛较低,收获和付出能成正比,很适合出身平凡但又想干出一番事业的人。就好比很多普通人家的孩子,如果想在最短的时间赚到第一桶金,往往会选择销售员这个岗位。

至少目前来看,对于草根们来说,杭州是一个最有希望实现人生逆袭的城市。

三、金融思维

金融思维是一种顶端思维,最流行金融思维的地方是上海。

金融思维的本质,说白了就是一句话:为"有钱人"理财,为暂时缺钱的"有钱人"融资。

在金融玩家眼里,每一件物品、每一项服务、每一个企业,都可以变成一个金融产品,然后对其进行配置运作。比如电影行业的金融化,当你在看电影时,别人却在赌票房。

在金融玩家眼里,万物皆为我所用,万物皆不为我所有。房子、车子、股票、公司等,都只是工具。他们的目的不是彻底拥有它们,而是利用它们,通过更新、倒手与赎回,实现增值,然后去配置更多的资源。

金融的核心在于信用，没有信用就谈不上融资和托管。水往低处流，钱往高处走。钱永远流向信用最高的地方，所以未来谁占领了信用的最高地，谁就占据了财富的最高地。

金融的本质就是钱生钱。钱不是万恶之源，钱只是可以将一切量化。资产可以量化，思维可以量化，生命可以量化，感情可以量化，甚至时间都可以量化。

但是，金融从业者必须具备最前沿的眼光，以及大格局、大视野。因为他们是在帮整个社会配置资源，既要懂产业，又要懂趋势，不但得看懂宏观经济，还要能解读微观经济，甚至需要有一种先天下之忧而忧的情怀。所以，一个人的修为如果不够，就贸然从事金融行业，最终的结果往往是得不偿失。

最近几年来发生的一系列事件，如P2P跑路、基金沦陷、金融大鳄消沉等，都在告诉我们：如果你想站在社会的顶端，你就必须拥有顶级的格局和修养。

四、媒体思维

媒体思维的本质是影响力，影响力的本质是通过各种有形或无形的力量的配合，最终实现支配与统率他人的一种能力。

影响力不仅包含权力，还包含了商业价值。媒体并没有直接的权力，也不能直接赚钱，却有一股无形的力量。

北京是最具媒体思维的城市，北京是一个"制造思想"的地方，在上海、深圳、杭州、广州这些地方，如果你对一个人大谈你的理想，基本上没有人会理你。但在北京，你可以找到很多谈理想的人，这就是北京的独到之处。

凡是在北京待久了的人，都喜欢讲究名正言顺，喜欢讲究背景，喜欢描述自己背后的力量。大家都能接纳社会背后那股神奇的力量，就看最后谁能操控得了谁，这就是影响力思维。北京人不喜欢直接谈钱，喜欢找对等的力量。待资源对等了，大家再在一起玩。

影响力改变的是人的思想意识，人们的行为发生改变，可以在无形中推进很多事情。

因此，我们有时被难以察觉的影响力操控了，这就说明对方很善于运用思维的力量。

五、服务思维

服务思维的本质是将产品或者服务流程化、拆解化。比如，将原本看起来简单的服务拆解成多个流程、多个动作，使客户的体验感达到极致，从而离不开你。

广东人是最早具备服务意识的人，广州、东莞一带的服务业尤其发达。现在，广东的月嫂还很受全国百姓欢迎。经常有人抱怨，在北京的餐厅吃饭，服务员都像大爷一样，但在广东就完全不一样，餐厅的服务意识极强，服务员永远都是毕恭毕敬的。

而将服务思维发扬光大的企业就是海底捞了，海底捞之所以能够红遍全国，靠的就是那种极致的服务意识。只有你想不到的，没有餐厅做不到的。

总之，一个城市的思维模式，决定了一个城市的气质。

北京、上海、广州、深圳、杭州，有各自不同的思维模式。当然，其他城市也有自己的思维模式，只不过一线城市更善于引领而已。

真正厉害的人，一定能接纳，融合不同的思想，并且灵活运用。

真正厉害的企业，是超越了"边界"的企业，它拥有大数据，容纳多元思维，建立创新机制。

要有"以多胜少"的思维

我们经常提到的一个词是"以少胜多",古往今来,无数人迷恋它。那么,什么叫"以少胜多"呢?

很多人期望能通过以少胜多,出奇制胜,一个妙招定乾坤,这其实是投机思维。

《孙子兵法》里有这样一段话:"故用兵之法,十则围之,五则攻之,倍则分之。敌则能战之,少则能逃之,不若则能避之。"

"十则围之"的意思是:如果你的兵力是对方的十倍,就可以围住对方打,轻轻松松地打一场包围战。

"五则攻之"的意思是:如果你的兵力是对方的五倍,就可以从正面向对方进攻,从正面迎击敌人。

"倍则分之"的意思是:如果你的兵力是对方的两倍,就可以先把对方分段,然后一段一段地去进攻。这样就又人为地制造出实力差了,每一场战役都更有把握。

"敌则能战之"的的意思是：当敌我双方兵力差不多时，应该继续和对方周旋，寻找分割对方兵力的机会。如果被对方撞上，且回避不了，再开打。

"少则能逃之"的意思是：如果敌人兵力比我们多，那就躲避对方，千万不可硬打。

"不若则能避之"的意思是：如果敌人兵力比我们多很多，那就主动躲远一点，千万不要让对方发现我们的踪迹。

大家仔细分析孙子的这段话就会明白，真正有智慧的人，不是通过奇谋妙计让少数人战胜多数人，而是不断地制造多数人攻击对方少数人的机会。

举个例子，假设对方有五万人，我只有三万人，该怎么打赢对方呢？

最好的方法就是不断地和对方周旋，不断地集中自己的优势兵力，去攻击对方的薄弱环节。比如找准机会，用自己的一支五千人的队伍，去攻击对方一支一千人的队伍，并不断地寻找这种能够"以多击少"的机会。

也就是说，每一场战役，都要在有十足把握时再去打。打得赢就打，打不赢就跑。

《孙子兵法》里还有一句话："胜兵先胜而后求战，败兵先战而后求胜。"

意思就是：胜利的军队总是先制造胜利的态势，然后向敌方挑战，而失败的军队都是先同敌方交战，然后尽力在作战中谋求胜利。

也就是说，高手打仗，要么不打，要么有确定的把握再去打。

对善战者来说，战争只是一个过程，不是通过战争把敌人打败，而是确定敌人必败无疑，他才开始打。

善战者先胜而后战，要胜中求战，不要战中求胜。

《孙子兵法》里还说："故善战者之胜也，无智名，无勇功，故其战胜不忒。"

真正善于用兵的人，没有智慧过人的名声，没有勇武盖世的战功，而他既能打胜仗又能不出任何闪失，原因在于其谋划得当、胸有成竹，他所战胜的是已经注定失败的敌人。

这种人最大的特点就是，脚踏实地地积小功成大功，不投机取巧，不是机会主义者；不求一战定乾坤，但求打一仗就胜一仗，走一步就对一步。

又如，资本市场中，很多人都期待能一下子猛捞一笔，而巴菲特的投资原则相比之下显得特别平庸，他只是把目标定在取得超越道琼斯指数十个百分点的业绩，集小胜为大胜。

巴菲特从未在某一年取得惊人收益，但他也几乎很少亏损，他投资的稳健性，使他的年化收益率高达百分之二十，而且保持了五十多年。

在资本市场，能短期跑赢巴菲特收益率的投资者大有人在，然而能像巴菲特那样连续五十年保持复利增长的寥寥无几，这才是巴菲特成功的秘诀所在。

不求一步跨越，但求走一步就赢一步。

《孙子兵法》里说："虚则实之，实则虚之。"

你看到的虚的，往往是实的；你看到的实的，往往是虚的。也就是说，我们所看到的表象和事物本来的面目有时是相反的。

以少胜多，就是这样一个幻象。世界上根本就不存在一个巧妙的招数，可以一直以少胜多。

既然以少胜多只是一个传说，那么，为什么大家都那么迷恋以少胜多呢？

因为大家都在幻想能够花小钱办大事，都想投机取巧，都希望可以四两拨千斤，都希望彩票中大奖，都期待一夜暴富……

也就是说，人人都在找捷径，人人都渴望一战成名，人人都被欲望蒙蔽了双眼。

再来对比一下《孙子兵法》和《三十六计》。《三十六计》里全是诡道，是奇谋巧计；而《孙子兵法》强调的都是基本功和实力。胜利来自日积月累，而不是奇谋妙计。

真正的高手，都在默默地下着笨功夫。只有愚蠢的人，才成天寻找捷径。

我们还应该悟到另外一个道理：那些让大众感到平淡的现实，大家往往充耳不闻；相反，那些能让大众产生美好幻想的传奇或传说，却可以让大众疯狂和着迷。

赚钱的六个层次

人赚钱的方式可以划分为六个层级：第一个层级的人，靠力气赚钱，如在工地上搬砖的工人；第二个层级的人，靠技能赚钱，如掌握一定技术的工人、月嫂等；第三个层级的人，靠经验赚钱，如帮很多人打官司的律师、做过很多手术的医生等；第四个层级的人，靠能力赚钱，如老板靠管理能力、创业者靠创业能力；第五个层级的人，靠名字赚钱，如作家、画家、艺术家等，他们越有名气，作品越值钱；第六个层级的人，靠脸面赚钱，这种人不需要花很多力气，只要露脸就可以赚钱，如明星。

从第一个层级到第六个层级，赚钱的方式越来越轻松，赚钱也越来越容易。第一个层级的人最辛苦，他们靠力气赚钱，每天都很劳累，回报也最少。

从第二个层级到第三个层级，乃至第四个层级的人，完全是靠实力吃饭。他们依然很辛苦，因为必须出成果，要以结果说话。设计师、咨询师、司机、编辑、会计、律师，乃至小老板、创业者、职业经理人等，都属于这几个层级。

其实，人一旦到了第五个层级，即能够靠名字赚钱，就可以不再靠辛苦劳动去挣钱。

人一旦成名，完全可以冲破"技能"或者"结果"对自己的束缚。别人会因为你的名字而买单，你需要的不再是提升技能，而是运作自己的个人品牌。

对做产品的人来说，这就像从"做产品"到"做品牌"的升级，如果你只停留在"做产品"的阶段，一定会遇到价格战和利润挤压的情况，而一旦你能形成自己的品牌，就再也不用考虑这类事情。

从另外一个角度来说，会赚钱不如让自己更值钱。人一旦到了第五个层级，也就是靠名字赚钱的时候，就很值钱了。

来看一下"值钱"的"值"是怎么写的，是一个人站直了。站直的意思就是自信、自立、自强，一个人越独立越强大，他就越值钱。

在你值钱之前，是你求别人；在你值钱之后，是别人求你。

未来，赚钱会越来越辛苦，你若值钱，那赚钱对你而言会越来越轻松。

赚钱是外在的短期行为，值钱却是你长期努力的结果。

会赚钱的人，是人在找钱，而对值钱的人来说，却是钱在找他。

这和做产品的理念是一样的,产品与产品的区别,在未来不再是质量的区别。现在,产品的质量越来越接近,但品牌不一样,价格完全不一样,甚至同样质量的产品,因为贴了不同标签,价格可以相差上百倍。所以,有的产品很值钱,而有的产品就不值钱。

然而,现在最大的问题是:很多人只顾着赚眼前的钱,不愿意让自己更值钱,不愿意在品牌方面进行投入。因为品牌是长期建设的过程,它需要长期积累后才能看到效果。

其实,这就是典型的"穷人思维":只看到眼前的产出,不做长期的投入和规划。

很多人虽然日进斗金,但被各种事务缠身,时间都消耗在应酬、会议、拜访、加班上,这种人挣的永远都是最辛苦的钱。

该如何改变呢?不如采取下面这些方式:与其拿回报,不如要股权。选择你看好的客户,进行深度服务,少拿点现金收益,多拿点长期收益,如股权。

与其依赖公司,不如依赖个人的实力和影响力。千万不要过于依赖平台,而是要借助平台的力量打造你的个人品牌。

与其给别人做服务,不如做自己的原创作品。只有原创作品才能形成你的个人品牌,才能打造你的个人IP。

这才是人生获取财富的真正路径:先学会找门路赚钱,再设法让自己更值钱。

　　未来是个体崛起的时代,早一天打造自己的IP就能早一天实现自由。

做事的三个层级

做事可以分为三个层级：第一层级，"把事做正确"。这是态度层面的问题，是指做事的结果必须符合目标和预期，扎实关注每一个执行细节，时刻关注事情本身的进度，要的是效能。第二层级，"正确地做事"。这是战术层面的问题，是指做事的方式要正确，态度和姿势要摆正，时刻关注方式和方法，要的是效率。第三层级，"做正确的事"。这是战略层面的问题，是指千万不能犯战略方面的错误，要做出对的决策，时刻把握好方向，要的是格局。

完美的做事能力需要这三个层级能力的互相配合，三者缺一不可。然而现实中的人往往只具备一个或两个层级的能力，很少有人能同时具备三种能力。

比如，有的人善于执行命令（第一层级），不善于改进方法（第二层级），更谈不上做战略规划（第三层级）。

有的人善于在别人做事时指手画脚（第二层级），但缺少系统布局（第三层级）的能力，而当他们具体去做的时候，往往眼高手低（第一层级）。

有的人善于出谋划策（第三层级），就像古代的谋士，但不善于执行（第一层级），也不善于协调（第二层级），他们只适合做顾问，提供咨询服务。

的确，现实中的我们往往缺少某一层级的能力，因此，我们应该进一步认识自己，看看自己究竟拥有什么、缺少什么，扬长避短，找到最适合自己的位置，或者找到和自己互补的人，共同合作。

那么，该如何协作呢？

比如，对于一家公司来说，老板必须具备第三层级的能力，要做正确的事，要保证公司不会在战略上犯错误。

高管要具备第二层级的能力，要正确地做事，时刻把握做事的方式和方法。在不违背公司战略的情况下，手段可以灵活运用，可以改进方式、方法。

而员工最需要具备第一层级的能力，把事做正确，把工作重点放在执行层面，目标完成得到位，执行细节得到位。员工最忌心浮气躁，心神不定，眼高手低。

这三种层级下，角色的配合非常重要，不能互相越位，否则必出乱子。

而现实中，我们经常看到有的老板总是在做很多执行的事，或者很多员工总是对公司的战略指手画脚，这样的公司必定会出问题。

做事的三个层级，往往也是做事的三个阶段：无论做什么事，第一阶段我们应该先"做正确的事"，即做好战略布局。这往往要求我们有足够的判断力和决策力，从而帮助我们看清时代大势和行业需求。

我们经常说选择比努力重要，其实就是把"做正确的事"放在第一位。

再来看一下"二八法则"，它指的是通常最靠前的20%坐拥整体80%的资源。这个法则极其广泛地存在于社会的各个角落。比如，现实中80%的问题（困难），是由20%的主要矛盾带来的。我们必须集中自己80%的精力，去应对这20%的主要矛盾，这才是性价比最高的做事原则。

也就是说，我们应该把80%的精力用在"做正确的事"上。要么不去做，要么就要做到极致，切忌面面俱到。什么事都干，往往什么都干不好。

真正有价值的事情就那么一两件，大多数人失败，是因为他们自始至终没有找到那个应该聚焦的点。所以，一定要找到那属于你的20%。

第二阶段应该是"正确地做事"，一旦定好了战略，我们就应该千方百计地去实现既定的目标。做事的方式、方法很重要，做事的心态和姿势也非常重要。

你是否把握了合适的推进节奏？你是否运用了最先进的工具？你是否具备了创造性的思维？你是否平衡了各方的利益？这些都是"正确地做事"的基本条件。

第三阶段应该是"把事做正确"，即不断地落实每一个步骤和细节。执行的时候应该一心一意，这需要一种匠心，最忌讳的就是坐这山望那山，吃着碗里的还看着锅里的，这样最终的结果就像狗熊掰棒子，掰一个丢一个。

这个阶段看似简单，然而无数人的失败就败在了这个阶段。很多人原本走的也是正道，最后却走上了歪路，就是因为被身边环境所诱惑，自身产生了变化。

把事做正确，我们需要牢记四个字：不忘初心。

这看似简单，做起来却不容易。

第四章

★ ★ ★ ★ ★

人 性

深层认知

人性的十六个误区

　　一个人要想立于不败之地，必须对当今社会有深刻的认知。这十六个误区能让你看穿社会、看透人性，广泛地适用于职场、社交等场合，能帮你重新构建思维体系。

　　一、我们总以为，消费者要的是货真价实的产品。实际上，消费者要的是一种幻象，要的是能把他带入一个故事场景里的产品。反复说自己的产品质量过硬，不如说一个好故事。比如，"今年过节不收礼，收礼只收脑白金"这句广告语并没有说产品多么好，只不过是构建了简单的故事场景，然后不断地重复。这种宣传方式虽然简单粗暴，但消费者还是会不断地买单。

　　二、我们总以为，大众都是成年人，应该理性且成熟。实际上，很多人的心理都还停留在婴儿阶段。他们既不想得到价值，也不想听什么道理，只想得到好处。他们就像嗷嗷待哺的孩子，一旦想得到好处，就会哭闹，而"妈妈"就得赶紧哄他们，或者给一口奶吃（利益），他们马上就会喜笑颜开，满足地安静下来。

三、我们总以为，遇事讲道理是有用的。实际上，只有当别人也讲道理，当大家都遵守规则的时候，讲道理才有用。只有对文明人才能讲道理，面对流氓和小人，你讲不清道理。

四、我们总以为，一切关系都是逻辑关系或者情理关系。实际上，很多关系都是利益关系。你伤害了谁的利益，就是谁的敌人；你符合了谁的利益，就是谁的朋友。

五、我们总以为，做人最重要的是靠能力，做事最重要的是靠拼搏。实际上，你和谁结成了利益共同体，决定了你的发展。因此，你不能只埋头做事，你还需要不断地抬头看势，这就是识时务者为俊杰。

六、我们总以为，规则是用来遵守的。实际上，规则是用来打破的，就看你会不会打破。

七、我们总以为，人的自由度越高，社会就越平等。实际上，当人的综合素养还没到一定阶段，当人还没普遍地学会自律的时候，所谓的自由只会导致绝对的奴役。比如很多成年人有了足够的自由，却不能很好地运用，他们陷入了游戏、酗酒之中。

八、我们总以为，给孩子创造最好的条件，把自己最好的都留给孩子，就是父母最大的责任。实际上，世上最大的悲剧是让孩子"蠢而多财"。自古以来，企图给孩子留一笔钱，让孩子富贵逍遥的人，基本上没有实现的。相反，那些留下良好习惯和家风的家族，却可以昌盛多年。

九、我们总以为，给孩子讲各种大道理，就可以让孩子好好读书，热爱学习。实际上，孩子不会听你说，他们只会模仿你。因此，大人教育孩子读书最好的办法就是以身作则。而多少家长自己从来不读书，时间都花在酒桌上、牌桌上和各种低级趣味的娱乐上，却指望孩子的精神趣味在书本上，这太荒谬了。

十、我们总以为，一个老实人往往是比较靠谱的。实际上，很多老实人是因为没见过世面或没有机会所以老实，一旦他们有了机会，往往立刻变了样。真正的老实人，经历过风风雨雨依然守得住自己的初心，见过各种世面和诱惑后依然淡定和坦然。

十一、我们总以为，那些对我们恭敬的人，都是真正的朋友，都是应该善待的客人。实际上，那些喜欢用语言来讨好我们的人往往口蜜腹剑，内心对我们也许已是百般抵触。相反，那些对我们总是直言不讳，让我们感到不爽的人，可能才是我们的贵人。"良药苦口利于病，忠言逆耳利于行"，就像唐太宗离不开魏徵，我们每个人都需要一面镜子。

十二、我们总以为，一起合谋做了坏事而没被发现，一切就会过去。实际上，只要有不正当利益，就会有分赃，一旦分赃不均，就会引发仇恨和忌恨，进而导致报复，并且事情总会有败露的一天。因此，做一个堂堂正正的人，才是最明智的。

十三、我们总以为，谈恋爱就要找个一心一意，并且毫无保留对自己好的人。实际上，这就是悲剧的引子。因为只要有索取，就意味着不公，最后总会失衡，甚至老死不相往来。

十四、我们总以为，那些对天发誓的爱情最值得珍惜。实际上，真正会爱别人的人，一定会先爱自己，会经过百般努力让自己成为更好的人，而不是打着爱别人的名义去要挟别人来满足自己。爱情的最高境界，是两个人通过相互激励和影响，最后都变成了彼此喜欢的模样。

十五、我们总以为，当一个人无缘无故地为自己付出时，是因为自己遇到了一个好人，遇到了对的人，然后接受得心安理得。实际上，在当今社会里，如果一个人无条件地对你好，往往会以对你好的名义窥探你拥有的东西。世界上没有无缘无故的忠诚，人和人之间最健康、最长久的关系，就是互相成全，而不是牺牲一方成全另一方。

十六、我们总以为，要尽最大的努力帮助每一个人。实际上，当你给一个人提供的帮助远远超过了困境对他的限制，他就会对困境麻木，甚至放弃突破困境的意愿，对你形成依赖，由感激你变成理所当然地接受。当你不再施舍的时候，他就会和你反目成仇。因此，帮助一个人的最高境界是帮他实现自力更生，然后离开。

吵架的原理

吵架是怎么发生的?

人与人之间的沟通,就是互相把对方的信息进行编码和解码的过程。由于双方有不同的立场、环境、背景、经验、文化,在编码和解码过程中难免出现误读。

人被误读的时候,往往会为自己的失误进行解释和圆场,于是又会产生新的编码和解码的误读,人难免就会着急……

人着急的时候,情绪就会出来火上浇油,让人脸红脖子粗。于是,双方干脆互相攻击和谩骂,沟通演变成了争吵。

人还有一个基本属性,那就是"自我价值保护"。我们总是在潜意识中防止别人对自己进行贬低和否定,每个人都期待外界对自己的认可,这也是我们积极和努力的原动力。

而当我们与他人发生争吵时,为了迅速挫败对方,一定会抓住一个人的缺陷去攻击。因此,这个"自我价值保护"的红线是一定会被逾越的，那此时就不再是双方谁对谁错的问题了，而会升级成一场"人格攻击战"和"人格保卫战"。

所以，吵架到一定程度，可能就不再是争对错，而是争个高低，最后可能还会发展到人身攻击。

其实，世界上并没有哪一方吵赢的架，吵架的双方一定都会输掉，只是看谁输得更惨。所以，在能和平协商的情况下，绝不要和别人发生正面冲突。

我们要铭记：得饶人处且饶人，千万不要随意出口伤人，争执的时候要就事论事，围绕事情本身去探讨，不要动不动就上升到人身攻击。冷静地解决问题，才是解决争执的最高境界。

为什么大多数人都做不到这一步呢？

其实，我们和人吵架的时候，真正的敌人不是吵架的对手，而是自己的情绪，藏在我们身体里的情绪才是我们每个人最大的敌人。

也就是说，我们是被自己的情绪牵着走的，吵架到最后往往演变成同自己的情绪斗争的过程。

人生最大的敌人是自己，战胜别人容易，战胜自己太难。

人一旦被情绪左右，心魔就会趁机而出，很多冲动的行为就会在此时发生，一时的冲动造成终身后悔的事情比比皆是。

所以，在被激怒的时候，千万不要立刻回击，不妨先在心里从一数到十，然后再去交流和沟通，这是个很好的办法。

在和别人吵架的过程中，最需要防范的一点是什么呢？

中国人的斗争哲学里有这样一招：先站在道德制高点上打倒一个人，给他扣上一顶道德败坏的帽子。从人品上否定一个人，这样一来，为他做的一切辩驳都是苍白无力的。

这其实是兵法的上上策：诛人先诛心。

这一招用好了，可以直接把对方逼崩溃，有理说不清，越说越乱。

更有甚者，先给对方扣上一顶帽子，之后尽情地往对方身上泼脏水。照这个节奏下去，对方就只剩下一条出路——和你同归于尽。因此，我们千万不要用这种人身攻击的方式，但是，倘若在吵架中遇到这种攻击，我们应该怎么做呢？

三十六计，走为上计，置之不理是最好的应对方式。这就像一只疯狗咬了你，你不能用嘴去咬它，而应该避开对方的纠缠，寻求对你利益最大化的解决方案。能屈能伸是条龙，暂时的隐忍不代表认输，寻求一招制敌的最佳时机才是上上策。

真正的高手从来不会和人吵架，因为他们善于沟通。

沟通，是解决吵架的最佳方式。

很多人会说，在那样的时刻已经无法沟通了。这是不对的。

首先，我们不能要求别人冷静理性，我们只能要求自己时刻保持镇定。我们说的每一句话都要先在大脑里过一遍，不要只顾自己说出来痛快，而忽略了他人的感受。

当对方说："你真自私。"如果你直接反击："那你呢？你又能好到哪儿去？"你看，这马上就升级到人格上的斗争了。

你应该静下心来问对方："你为什么这么认为？我做了什么事情让你有这种感觉？"之后，再仔细倾听对方给出的有效信息。

一个真正厉害的人，非常善于筛选出对方发出的有效信息，过滤并忽略掉对方情绪化的语言。

弱者易怒如虎，强者平静如水。对着别人大吼，是最无能的表现。

如果对方提出的事实，你觉得是错误的，你应该讲出真正的事实。当对方表示不满意时，你要让对方提出具体不满意的地方。总之，要围绕矛盾本身去探讨，而不是让矛盾升级。

俗话说，抬手不打笑脸人。如果你在沟通的过程中一直大度、大方、心平气和，对方想借机发火都难。

己所不欲，勿施于人，如果我们自己都做不到理性而淡定，就不要要求别人做到这一点。

一个人有大格局的表现都有哪些？"尊重对手"肯定是其一。

尊重你的对手，聆听对方的难处，站在对方的角度去考虑问题。当你做到了这一点，五湖四海皆朋友，你就没有了对手。

无敌，不是打败了所有人，而是没有一个人与你为敌。

最后总结五点：

一、吵架的最高境界就是不吵，这叫非攻。

二、如果你遇到一个不愿意跟你吵架的人，千万不要得意。他不是不会吵，他只是不想轻易发怒。

三、当你遇到胡搅蛮缠、动不动就辱骂别人的人，千万不要搭理他。只要微笑，挥挥手，祝他好运，然后继续走你的路。

四、切记，别人对你的负面评价和谩骂，和你没有任何关系，只和他们有关系。你只是一面镜子，他们通过你看到的是他们自己的内心，内心肮脏的人看什么都是肮脏的。

五、如果你遇到一个疯子，能完全将对方对你的负面言论置之度外，甚至能"寻找对方的优点，发现对方的可爱"，那么，恭喜你，你已经拥有圣人一般的力量。

低级的好人

我们平时会听到一些感人的"好人好事",譬如,有的人连自己的孩子都养不好,却去领养别人的孩子;有的人连自己的父母都安顿不好,却捐了很多钱去做慈善,照顾孤寡老人。

我们似乎会心安理得地认为,在这个世界上,会有人无条件地对自己好,于是,我们总是期待能遇到一个无条件对自己好的人。

在恋爱方面,很多女孩子会认为:谈恋爱就是找个一心一意,并且毫无保留对自己好的男人。她们认为女人就是要永远被爱,永远被给予。

的确,有些故事听上去很感人,有些行为听上去很浪漫,可惜这些事往往只存在于理想世界中。

现实世界发生的事,往往会给我们浇一头冷水,然后告诉我们:醒醒吧!

一个不懂得对自己好的人，一定不懂得怎么对别人好。

如果一个人连自己都不爱，却口口声声地说爱别人，他一定有自己的打算。

常言道："事出反常必有妖。"

齐桓公的故事很多人都听过，他的结局值得我们深思。

齐桓公有三个宠臣，分别是公子开方、竖刁和易牙。这三个人的行为非常有意思。先看开方，他是个公子，但他并不是齐桓公的亲儿子，而是卫国的公子。这位外国的大公子放弃自己的荣华富贵，像仆人一样服侍齐桓公。

他对齐桓公有多孝顺呢？他十几年都没有回去看过自己的母亲，而是留在齐国陪齐桓公。

齐桓公感叹地说："开方爱我胜过爱他母亲啊。"

竖刁就更感人了，他原本也是一个贵族家的孩子，小时候被送到宫里服侍齐桓公，长大被父母接回了家里。但竖刁为了能回宫中继续伺候齐桓公，竟然亲手把自己给阉割了，然后他就作为太监继续服侍齐桓公。

于是齐桓公感慨："竖刁爱我胜过爱他自己啊。"

易牙的故事就更不得了了。

易牙的厨艺极好，称得上中国厨师的祖师爷，齐桓公很喜欢他做的菜。

齐桓公尝遍了人间的山珍海味，有一次突发奇想地对他说：

"不知道人肉好不好吃。"说者无意,听者有心。你猜易牙怎么着?第二天他竟然把自己的儿子蒸了,给齐桓公吃。

管仲这个人非常有才能,是齐桓公的宰相,也是帮助齐桓公实现春秋霸业的那个人。

所谓能人,就是能看透问题本质的人。

管仲临终之际对齐桓公说:"开方、竖刁、易牙这三个人都不是好人,你必须远离他们。"

齐桓公不解地问:"开方放弃了卫国公子的身份跟随我,十几年没有回去看他母亲,他难道不是真爱我吗?"

管仲说:"一个人连父母都可以抛弃,还有什么是不能抛弃的?"

齐桓公又说:"竖刁为了留在我身边,把自己都给阉了啊。"

管仲说:"一个人连自己的身体都不在乎,他会在乎别人吗?"

齐桓公最后说:"易牙应该真爱我吧,他为了满足我的好奇心,把他儿子都蒸了呀。"

管仲说:"连自己儿子都忍心亲手杀掉的人,对别人会更残忍。"

管仲最厉害之处,不是治国,而是懂人性。

后来,齐国发生的事情,完全证明了管仲的推论。

在齐桓公生病后，他宠幸的几人开始争夺太子之位。当然，也包括这三个人。最终的结果是：齐桓公死后，他的遗体在床上放了六十多天才下葬。

春秋五霸之一的齐桓公，下场竟如此凄惨。

我们不仅要读懂人性，还要尊重人性。先为自己考虑，是人的天性，是刻在我们基因里的。

一个人对你好的前提是他懂得对自己好，在不伤害自己利益的基础上，在共赢的基础上，通过帮助你来成全他自己，这才是对你好的真正逻辑。

千万不要指望有人无条件地对你好，或者一心一意地为你好。人和人最直接、最健康、最长久的关系，是互相成全，而不是牺牲一方成全另一方。

如果一个人总是无条件地对你好，要么是打着对你好的名义窥探你拥有的东西，要么是内心扭曲。

无论是在爱情里还是在亲情里，我们都必须明白这个道理，尤其是女孩子，一定要学会自强和独立，要有自爱的能力。

管理的精髓

在中国企业家里,最懂"用人之道"和"管人之方"的,估计非任正非莫属。他对管理的认知极其深刻,甚至早已超越了企业管理的范畴,值得我们认真品味。

要知道,华为近二十万名员工都是有文化的聪明人,如何把这一群聪明能干的人拧成一股绳,形成一个完善的协作机制,围绕既定目标,相互信任和协作,而不是相互猜忌和拉扯,是一件极富挑战性的事。任正非卓越的领导能力在这件事上发挥得淋漓尽致。

任正非的管理方法总结下来就四句话:砍掉高层的"手脚",砍掉中层的"屁股",砍掉基层的"脑袋",砍掉全身的"赘肉"。

砍掉高层的"手脚"

为什么要砍掉高层管理者的"手脚"呢?

我们知道,传统社会讲究裙带关系。很多高层管理者喜欢用自己的亲信,把他们安插在企业的各个部门。所谓高层的"手脚"就是指他们的亲信。

如果高层管理者的亲信太多,就会给自己谋私利,容易假公济私,形成内部派别。因此要砍掉他们的"手脚",只留下"脑袋"来运筹帷幄,洞察大局。

另外一层意思就是,高层管理者可以总揽全局,但不能深扎到具体事务中去,高层的满腔热忱不能体现在自己卷着袖子和裤脚去干活上,而是要把一切精力和智慧都放在指挥和掌舵上。

高层管理者要确保公司的战略和目标是对的,确保企业的发展节奏是合理的,确保资源配置是最优的。

所以高层有两大忌讳:一是忌讳滥用手里的权力,安插大量亲信;二是忌讳用手脚上的勤快掩盖思想上的懒惰。

砍掉中层的"屁股"

为什么要砍掉中层干部的"屁股"呢?

中层干部的作用是承上启下,就是要跑上跑下。中层干部最忌讳慵懒,上下逃避责任,滋生官僚主义。因此,中层干部不能有"屁股",人一有"屁股"就想坐着。

中层干部要跑起来，要积极地跑到基层部门了解他们的需求和困难，主动向高层管理者汇报真实客观的情况，保持上下沟通通畅，杜绝形式主义，这样才能保证整个公司的协调性和一致性。

如果中层干部天天坐在办公室里喝茶，一边揣摩高层的旨意，一边偷偷压制基层的需求，粉饰太平，明哲保身，那就会出问题。

中层干部不能闲着，要承上启下，做好和平行部门的衔接工作。企业要坚决杜绝各人自扫门前雪的中级干部。

中层干部的承上启下，还体现在敢于直面各种责任和指标上，对高层要敢于"扛指标"，对基层要敢于"下指标"。

砍掉基层的"脑袋"

所谓基层的"脑袋"，就是指基层的各种想法。

一般来说，那些初入公司的人都是基层工作人员，基层员工最需要做的是执行，一定要放弃各种想法，抛弃一切幻想，埋头往前冲。

曾经有个华为新员工是北大的高才生，刚到公司就给任正非写了封万言书，对公司发表了慷慨激昂的陈词，但任正非这样批复道：此人假若有神经病，建议送医院治疗；若是没病，建议辞退。

马云也曾说过，刚来公司不到一年的人，千万别给我写战略陈述，千万别瞎提阿里发展大计，等你成了阿里人三年后，你讲的话我必然洗耳恭听。

也就是说，当你还是一名基层员工时，你只需用你的执行能力来证明自己的价值。基层员工最忌想法太多，对公司战略指手画脚，在公司制造各种负面情绪。

华为的基层员工也是社会上的佼佼者，但不管你是硕士、博士，还是留学的海归，都必须遵守公司的各项制度，不能自作主张，随性发挥。

要砍掉基层的"脑袋"，就是要让团队上下一心，心往一处使，形成一个有机的整体，随时能应对各种变化，并一步步往上走。

砍掉全身的"赘肉"

砍掉了公司里多余的"手脚""屁股""脑袋"，公司才能更加协调。但要想让公司走向强大，还需要最后一步，那便是砍掉全体人员的"赘肉"。

我们都知道华为员工的收入是很高的，收入达到了一定数目，人就容易产生安逸心理，容易变得懒惰，丧失斗志。因此，必须有一条无形的鞭子来督促大家不停奋斗，要扬鞭策马共同绘制宏伟蓝图。

中国人最大的特点就是奋斗。如果用一个词总结中国人上下五千年的核心精神，没有哪个词比奋斗更合适。奋斗精神是中华民族最重要的精神财富，也是中华民族伟大复兴的核心驱动力。

中华民族确实是一个既勤劳又有智慧的民族，但同时我们也应该看到，如果没有一个合理的机制把大家拧成一股绳，往往会产生各种内斗和内耗。

公司的经营也是如此，必须让大家放弃投机取巧、不劳而获的幻想，鼓励大家踏踏实实、勤勤恳恳地去劳动、去创造。这就是华为提出的"以奋斗者为本"的核心价值观，通过各种机制避免员工产生小富即安的心理。

任正非决不允许组织出现"黑洞"。这个黑洞就是惰怠，不能让它吞噬了我们的光和热，吞噬了我们的活力。

总之一句话：高层要有决策力，中层要有责任感，基层要有执行力，所有人都要有奋斗精神。

不在其位就不谋其职，无论是哪个层级都要做好分内的事情，不能互相越位。而现在很多企业，经理在埋头做具体的事，主管在上下逃避责任，员工反而在闲谈公司战略，这就乱套了。

当然，企业也要保证团队的流动性，要有一个机制确保有能力的人得到提拔，有抱负的基层员工能一步步往上走。只有做到了这一点，才能保证团队的循环和流动没问题，企业才能做大做强。

华为正是通过以上这种机制，使近二十万名员工紧紧地团结在一起，凝聚成一个灵活的巨人，围绕一个核心目标不停地奋斗。

任何一个企业、一个团队、一个群体，都离不开管理。管理的本质在于治人，治人的关键在于抑制人性的阴暗面，发挥人性的光辉面，制度是其关键。

华为的这套体系是符合中国企业治理思路的，值得所有的管理者借鉴。

灵魂伴侣

世界上有很多所谓美好的东西，它们就像一个个美丽的泡泡，当你触摸到的一刹那，立刻在你面前破碎。

比如灵魂伴侣，这是多少人梦寐以求的向往！然而环顾四周，你听说过或者看到过有谁因为遇到灵魂伴侣而幸福了吗？

现实情况往往是：灵魂伴侣成为很多人逃离现实的借口，成为很多人婚外情的理由……

有人会说，我确实遇到过这样的人，和他们一聊天就感觉相逢恨晚，有那种惺惺相惜的感觉，内心会掩饰不住地激动。

其实，这种情况背后的逻辑是人的智商和情商都分层次。如果你的智商、情商都在遇到的这个人之上，你会很容易体谅他的种种境遇和难言之隐。于是，他很快就产生了"遇到知己"的感觉，而对于你来说，只不过是你能够一眼看穿他罢了。

同样的逻辑，如果你的智商、情商都在遇到的这个人之下，他就会很容易读懂你的内心，然后附和你的感觉，让你感到被理解，燃起种种幻想。实际上，那只不过是他的包容性强。

这就叫人的向下兼容性。

如果两个人的智商、情商刚好处于同一个层次呢？当然，这种概率非常小，但并不能说没有。按理说，这才是真正的灵魂伴侣，因为你们俩刚好同频。

这个时候，你们双方都不会有那种瞬间被理解的感觉，因为你们处于势均力敌的状态，你们在默默地较量。这时，你们只会互相猜测，你们都在判断对方说的究竟对不对，有似对非对、似有似无的感觉……

其实，这样的两个人才是真正的同频共振，然而现实情况往往是，你们在互相试探的过程中放弃了彼此。因为人总是喜欢被美好包围的感觉。我们每个人宁可被居高临下地穿透，宁可在虚幻的美好里沉溺，也不愿意接纳现实中真正的同频共振。

这就是人性。所谓的灵魂伴侣，所谓的爱情，是难以打败人性的。

这个逻辑广泛地适用于工作、恋爱、社交等各种人际交往场景中。

然而，无论是在各种文艺作品中，还是在各种教育观念中，我们从小就被灌输了这样的理念：只有寻找到真正的灵魂伴侣，寻找到真正的另一半，才会幸福。

也就是说，我们获得幸福的办法就是去寻找，至于能不能找到，那就要看运气了。一个人这辈子能不能幸福，完全取决于这个人的运气？

我们都在拿着地图寻找明天的太阳，然而关键问题不是明天的太阳在哪里，而是我们紧握的地图本身就是错误的。

想想童话里各种美好的结局：王子和公主历经万险终于在一起了，故事到这里往往戛然而止。接下来呢？他们是如何幸福生活的？没有一个童话故事讲下去。

童话里都是骗人的，现实往往更加残酷。

现实里的灵魂伴侣，往往是一个人对另一个人的向下兼容，只不过位于上面的那个人不忍心或者故意不戳穿真相而已。当然，也可能是他隐藏了自己的真实目的。

其实真正可怕的，不是这种一上一下的错位结合，而是上面的人和下面的人的出发点完全不同。

时间就像大浪淘金，会洗涤出一切沙子，总有一天一切都会大白天下。到时，受伤的还是下面的那个人。

未来的社会，每个人都是独立的个体。

这个世界上，没有任何一个人能为你的幸福负责。千万不要试图从另一个人那里获得幸福，我们必须具备把自己变得幸福的能力。

早一天明白这个道理，不仅能早一天看穿世界，也能早一天获得真正的幸福。

是的，我们生来就不完美，但我们可以把自己变得完美，而不是把这种对完美的追求寄托在另一个人身上，不是让另一个人来补充或完善我们。

无论你跟谁在一起，无论你选择一份怎样的事业，到最后你遇到的都是自己——一个更加完整、完美的自己。恋爱如此，事业亦如此。

生活就是一场修行，我们必须拥有直面自己、完成自我蜕变并让自己变好的勇气。修行的最高境界，就是内心和谐，内心无所缺。

否则，无论你换多少个伴侣，都是一样纠结。

最终，你会发现，幸福是你一个人的事情，与外界关系不大。

内心强大的二十六个特征

内心真正强大的人,不仅有一颗温柔的心、一个智慧的头脑,更有一副祥和的外表。

他们一定经历过狂风暴雨,见识过高山低谷,也体验过人生百态,才有了现在的淡定和从容。

纵观当今社会,内心弱小的人(自卑者)普遍易怒如虎,他们冲动又莽撞,动不动就愤世嫉俗;而内心强大的人(自信者)普遍平静如水,他们永远都是宁静的。

内心弱小的人,人生处处都是大风浪。因为无论多么小的事,都会被他们无限放大。他们无论到了哪里,无论和谁在一起,都会缺乏安全感。

内心弱小的人,总是特别在意周围人的看法,总是活在他人的眼目口舌之中从而失去独立性。他们总是坐立不安,惶惶不可终日。

内心弱小的人，可能上一秒还喜笑颜开，下一秒就会因受到某种微小的影响而变得偏执暴躁。这时的他们，比穷凶极恶的歹徒更具破坏性。

内心强大的人，人生永远都是风和日丽，因为无论多大的事，他们都能承受得住。

内心强大的人，明白在一个天平上，得到的越多，承受的也越多。哪怕人生看似回到了一个低点，其实是到了通往更高峰的出发点。

内心强大的人，从不会因为身处何地，或者和谁在一起而产生安全感和幸福感因为他们的内心丝毫不受外界影响。他们往往具备以下大部分特点：

一、尽人事后听天命。

二、遵天命后待时运。

三、悟时运后淡心境。

四、高度自律但又能随时自嘲。

五、保持敏感但并不刻意执着。

六、可以理解但并不随便认同。

七、谨小慎微但又能无拘无束。

八、低调沉稳但又能幽默风趣。

九、坚守原则但又能勇于创新。

十、高高在上但又能平等待人。

十一、目光柔软但内心潜藏锋芒。

十二、擅长记忆但又擅长忘记。

十三、博览群书但又能虚怀若谷。

十四、拥有过最昂贵的,也承受得住最差的。

十五、得到了不狂喜,失去了不狂悲。

十六、阳光下像个孩子,风雨里像个大人。

十七、知世故而不世故,会讲究也能将就。

十八、把失败当寻常,把成功当恩赐。

十九、遇到再多的不公平,也不会逢人就抱怨。

二十、取得再大的成就,也不会沾沾自喜。

二十一、对过往一切情深义重,但从不回头。

二十二、面对强者不低声下气,面对弱者不目中无人。

二十三、看透了这个世界有多糟之后,依然憧憬这个世界的美好;认清了生活的本质之后,依然对生活充满热爱。

二十四、经历过情感伤痛之后,依然相信爱情;经历过朋友背叛之后,依然相信友情。

二十五、不需要阿谀外界以获得存在感,不需要贬低外界以获得优越感,不依赖世界的寂静来获得安全感。

二十六、与憧憬未来相比,更珍惜当下的拥有;与标榜自己的努力相比,更习惯自律。

人的能力结构

未来，一个人要想真正大放异彩，必须具备四种能力。人一旦拥有了这四种能力，就可以傲立于时代前列。

时代变化日新月异，人必须与时俱进。未来，一个人要想立于不败之地，最好的方式就是跟着时代一起进步。

现在，每个人最应该思考的问题是如何迭代自己。而迭代自己的本质，其实就是根据时代变化，调整自己的能力结构。

未来，最符合时代的能力结构是怎样的？

之前的社会，我们只要埋头做好自己应该做的事就可以了。比如，老师只需把学生教好，司机只需把车开好，工人只需把活干好，医生只需把病人看好……

这时，我们的能力是很单一的，只需掌握本专业的技能，并把所有的精力都用在提升我们的专业水平上。专业水平直接决定了一个人的收入和行业地位。

但在互联网时代，这种逻辑被打乱了。平台的出现让一部分人利用外部的力量率先实现了崛起。

我们经常讲的一个词是"跨界打劫"，为什么会发生跨界打劫呢？就是因为别人虽然在本专业没你厉害，但他的能力结构比你更先进。他依靠外部的力量，将自己的能力结构调整到了战斗力最强的状态。

未来，什么样的能力结构才是最强战斗力呢？

当下还是有很多人用传统的方式创业，他们总想做老板，但是，今后老板和员工的界限会越来越模糊。未来人与人最大的区别，不是老板和员工的区别，不是资源、经验、能力的区别，而是影响力的区别。

在个体崛起的时代，即便你想做老板，也应该从底层做起，先做出你自己的业绩和影响力，打造你在行业的江湖地位，然后以你为中心，组建自己的团队，这才是今后的创业逻辑。

那么，如何打造自己的行业地位和影响力呢？

未来，我们必须具备两大核心能力：第一是写作能力，第二是演说能力。"能写"和"会说"就是影响力的两大支撑，通俗一点理解，未来我们必须做到"能写""会说"。

今日头条、微信公众号等平台，为我们提供了写作的舞台；抖音、快手、淘宝直播等视频平台，为我们提供了演说的舞台。

这两大能力决定了我们可以连接多少人，有多少人可以跟随我们，这就是我们的影响力。

之前没有这些平台，所以我们没有机会或很少有机会表达自己。即便你能说会写，也没有舞台施展。如今，这些平台诞生了，我们必须与时俱进，提升自己这两方面的能力。

不要说你不擅长写作和演讲。有时，人的很多能力都是逼出来的，不逼自己一把，你根本就不知道自己的潜力究竟有多大。

记住一句话：让自己变强大，是解决一切问题的根本，改变自己的能力结构，是让自己强大的根本。

无论是"能写"还是"会说"，其本质都是表达自己。未来我们越善于表达自己，接纳我们的人就会越多，我们被社会认可的程度就会越高，从而在各种情况下我们都能做到游刃有余。

看看现在的自媒体大V、网红，哪个不是因为这两方面能力出众，而率先实现了个体的崛起？

还有很多人利用这两大能力，实现了弯道超车。比如，有的老师开始在线上授课，一下子有了许多听众，用户和收入都呈几何级增长。他山之石，可以攻玉。很多人的崛起并不是说一定得在本领域多么出类拔萃，而是他们巧妙地利用了外部的力量。

总之，"能说"和"会写"是一个人打造影响力的两大核心能力，无论你属于哪个领域，从事什么性质的职业，都要抽出时间来锻炼自己这两大能力。

我们必须看到一个变化：人的能力结构正在发生深刻的

改变。

比如，之前衡量一个人是不是人才，主要看两方面：第一是知识，第二是技能。

现在情况发生了变化。

首先看知识。

之前，我们总是试图掌握许多知识，储存在大脑里，供我们随时取用。因为掌握的知识越多，能够处理的事情就越多，我们也就越受欢迎和推崇。

而现在，随着互联网的发展，我们可以随时随地从网上调取各种知识，而且，各种知识的要素也非常清晰齐全，所有都在我们眼前，供我们参考使用。

因此，在未来，一个人是否掌握足够多的知识，不再那么重要。重要的是什么呢？重要的是一个人的逻辑思维能力是否强大。

再来看技能。

之前，无论哪个领域的人，必须具备一定的技能。很多管理岗位上的人是技术人员出身，很多人凭借一项技能就可以走遍天下。所谓"技多不压身"，是指一个人掌握的技能越多，生存能力就越强，竞争力就越大。

而现在，很多技能都被高科技取代了，机器人取代了蓝领，人工智能取代了白领。更何况技能迭代的速度越来越快，无论你掌握了什么样的技能，总有一种变革针对你，总有一种创新能取代你。

未来，人们将会从技能的事务中解放出来，人的时间和精力将更多地投入到操控和管理上，从事管理机器、管理系统、管理数据等工作。

这时，一个人的心态，更容易决定他的成果。在未来，拥有一颗强大的内心，远比掌握各种强大的技能重要。

最后，做一个总结，未来，人的这四种能力很重要。

从内部组成上来讲，逻辑和心态这两种能力很重要。

从外部表现上来讲，能写和会说这两种能力很重要。

参考这四种能力，从现在开始，缺哪种就补哪种，哪儿需要就用到哪儿。

时代真的不一样了，我们千万不要一味地沉浸在自己的领域，有时"抬头看天"比埋头苦干重要得多。

人的三个层次

人并没有等级之分，但有层次之分，我把人分为三个层次。

一、第一层次的人关注八卦是非

在一个公司、单位或者集体里，有种人的占比很高，他们不擅长解决问题，就是喜欢打听、闲聊别人的八卦和是非，并以此为乐。

他们的妒忌心很强，生怕别人比自己生活得好，他们八卦别人的本质，其实就是想看别人的笑话。因此，他们非常喜欢凭借自己的臆想给别人"戴帽子"。

他们不爱学习，也从不思考如何才能解决问题和创造价值。他们就是喜欢非议别人，搬弄是非。

他们脆弱而敏感，越是自卑，越容易产生补偿心理，越在乎自己的自尊和面子，越需要认同感。因此，他们总是在着急地寻找同类，周围的同类越多，他们的胆子就越大，越肆无忌惮。

他们不追求真相，只想看到能满足自己情绪化的东西。他们之间交流的永远是是非八卦、伦理道德，以及各种人身攻击和妒忌、算计。

二、第二层次的人专注解决问题

这群人往往有自己的兴趣和爱好，有自己清晰的定位，是某一个领域的资深专家，或者是两耳不闻窗外事的学术派人物。

他们具备解决实际问题的能力，所以，在潜意识里他们拒绝各种是非八卦，而是把精力放在如何更好地解决问题上。

他们喜欢讲理，第一层次的人的最大特点是"对人不对事"，而第二层次的人的最大特点是"对事不对人"。

他们一般不会参与第一层次的人的话题，一般不会和第一层次的人争吵，因为他们专注问题本身。他们的一切行为都是为了解决实际的问题。

他们不沉溺世俗，也不擅长深邃的思考，如总结出表象背后的规律。他们只喜欢就事论事，埋头做自己的事。他们往往踏实而努力，他们的目的就是解决实际问题。

他们在社会中往往属于中产阶层，有一定的责任心和操守，不会轻易被左右。

三、第三层次的人拼格局

社会最需要的，就是有大格局的人，这样的人也被称为谋局者。

所谓世上本无事，庸人自扰之，他们早已远离是非对错，也不会被具体的问题所牵绊。

他们擅长跳出事情看事情，喜欢归纳总结，总能发现事物的本质和规律，然后提纲挈领。因此，与做事相比，他们更关注布局。

他们喜欢洞察人性，懂得如何充分发挥一个人的长处，同时让短处无处发挥。因此，与是非对错相比，他们更关注人性。

人到了这个层次，能一眼看透局势，瞬间洞察人性。人到了这个层次，拼的就是格局。一个人的格局有多大，成就就有多大。

以上就是人的三个层次。

所谓知人者智，自知者明。我们不仅要看清别人，还要看懂自己，看清自己的局限。

提升自己的格局，才是人生逆袭的最好途径。

人生的加减乘除

我们小学就开始学习"加、减、乘、除",背诵了很多口诀,掌握了很多技巧,学会了运算。

如今,蓦然回首,才发现"加、减、乘、除"这四个字,远远不只是基本的运算规则这么简单。它们代表了人生的四大阶段,暗含了人生的规律。

它们分别代表着什么呢?

一、什么是加法

人在年少的时候,一定要不断地给自己做加法。

从年幼无知到少不更事,我们都在增长见识,我们要接触足够多的人,经历足够多的事。

这时,我们一定要见足够多的世面,这个"面"越宽越好,只有这样,我们才能对世界有更加全面的认知。

我们最好也能面对各色的人，无论是亲戚朋友，还是老师同学，不论他们是喜欢你还是讨厌你，是忽视你还是高看你，只有直面他们，你才能对人性有深刻的认知。

所以，这个阶段我们最重要的任务，就是努力学习文化知识，广泛参与社会活动，结交各色伙伴。面对扑面而来的一切，我们可以来者不拒。

没有量变就没有质变。

切记任何事情的初始阶段，都要先做加法。

这就叫成长。

二、什么是减法

成长之后，怎么样才算是成熟呢？

成长和成熟的区别在于：成长是做加法，而成熟是做减法。

当我们的见识越来越多，我们便逐渐学会分辨哪些人才是重要的，哪些事才是适合做的，哪些东西才是想要的。

于是，我们开始给自己做减法，我们不由自主地选择性地做事，选择性地见人。我们不再来者不拒，我们越来越明白自己想要的是什么。

成熟的人生，从学会给自己做减法开始。做减法就是学会取舍，开始主动"断舍离"，给自己"瘦身"。

未经考验的关系不值得拥有，未经审视的想法不值得保留，不要再让它们占用你的时间和精力。

如果你面对事情还是犹豫不决，说明你还是没找到自己。你必须坦诚地面对自己的内心，给自己一个彻底而清醒的定位。

毕竟，这是人生腾飞的基础。

三、什么是乘法

做完减法之后，我们轻装上阵。

能不能腾飞，关键看这个人会不会做乘法。

当我们减掉各种累赘之后，只剩下关键的人和事。所谓乘法，就是要我们拿出所有的精力和时间，用在这些人和事的要点上。

其实人成功与否的关键，不是努力程度的高低，而是能不能抓住要点。

所有矛盾都有主要矛盾，所有要素都有核心要素，所有条件都有决定性条件。无论面对人还是事，抓到那个要点后，我们就要集中一切力量攻下它。

打蛇打七寸，擒贼先擒王，千万不要眉毛胡子一把抓，瞅准要点和时机后，出手就讲究快、狠、准。

死磕关键要素，拒绝面面俱到，谨防拖泥带水，务必可圈可点。只有这样才能事半功倍，才能尽快实现量变到质变的跃迁。

这就是成功者的最大特征。

四、什么是除法

生活是一场返璞归真的修行。人生无论多么精彩，终究会回归平静。

真正的成功，也包括了一种化繁为简的能力。当人生到了一定阶段，要学会给自己做除法。做除法，就是"抱朴守真"。

什么叫真？

曾国藩有句名言："既往不恋，当下不杂，未来不迎。"意思是过往的不去留恋，现在的不去乱想，未来的不去迎合。这是一种"真"。

大道至简，这个世界上最美的东西，一定是简单、极致、纯真的。

人生就是一个"从少到多，从多到简，从简到繁，从繁到真"的过程，可通过"加、减、乘、除"四种运算法则实现。

这四种人生过程，也是事物发展的四个阶段。无论何时何地，我们都要知道自己所处的阶段以及所处阶段的规则。

人生是一场修行

人生就像是一场修行。世界为了磨炼我们，在我们周围制造出各种假象，让我们陷入其中不可自拔。其中，最主要的假象有两种：第一，你对他人的羡慕，意味着你总是期待别人的生活；第二，他人对你的恭维，意味着你总是活在别人的眼里。

绝大多数人都在用一生的时光修行，所以，他们只有在临终的那一刻，才发现自己一辈子都活在对他人的羡慕中，一辈子都在期待别人对自己的恭维，却没活出真正的自己。

只有当生命临终的那一刻，他们才发现，人生的真正意义就是活好每一刻，每一个不曾起舞的日子都是对生命的辜负，然而此时他们的人生要结束了。

世界就像巨大的牢笼，生活就像巨大的枷锁，我们就像是其中的罪犯，人人看起来生而自由，枷锁却无处不在。

没有谁的人生是不苦的，无论有钱的还是没钱的，地位高的还是地位低的。在你看得见和看不见的地方，家家都有本难念的经，人人都有说不出的苦，只是每个人遇到的阶段不同、内容不同。

很多人以为只要自己成功了，就能挣脱那个巨大的枷锁。实际上，所谓的成功只不过是让你换一种修行的方式，尝试另一种苦难。成功之前，你遭受的是琐碎生活的折磨，成功之后，你遭受的是孤独的折磨。

人生在世，唯一的解脱方法，就是把生活当成一场修行，明白我们所经历的每一件事（好事或坏事）、遇到的每一个人（好人或坏人）都是来磨炼我们的。我们经历的每一份惊喜，遭受的每一份痛苦，都是来磨炼我们、增长我们觉悟的。或好或坏，或痛苦或开心，都是我们修行的参照。

真正的修行，既不需要藏在深山老林，也不需要躲在寺院庙宇。你若真能参透人生，随时随地都能望见净土。

因此，最好的修行场所就是红尘俗世，最好的修行方式就是在红尘炼心。把你在俗世里遇到的每一件俗事、每一个俗人，都当成你修行的工具。

当你遭遇困难的时候，你要从容应对；当你遇到惊喜的时候，你要坦然处之。用苦难磨砺自己，用诱惑锻造自己，这就是红尘炼心。

修行，就在当下。修行不是对现实的逃避，恰恰相反，每一个现实中的问题,都是你修行的最佳入口。

如果你创业的道路上有艰难险阻,创业就是你的试炼场;如果你与爱人之间有隔阂,夫妻关系就是你的试炼场;如果你与孩子的沟通有问题,教育就是你的试炼场;如果你的身体出现问题,生死存亡就是你的试炼场。

每一个烦恼是试炼场,每一次情绪波动是试炼场,每一次恐惧是试炼场。

举个例子,很多人可以处理好各种工作关系,但就是处理不好夫妻关系,每次一和爱人对话,说不上几句就要争吵。

不妨从现在开始,当你想发火的那一刻,站在对方的角度思考一下问题,理解一下对方的不容易,然后心平气和地和对方沟通。如果能有十次这样的经历,你就会发现夫妻关系融洽很多,完全可以让自己不总是那么情绪激昂。

更重要的是,时间一长你会因此而变得宽容,因为你看到了别人的苦难。学会从他人的角度看待问题,学会自我反省,获得长足进步,这就是修行。

这个办法不仅适用于夫妻之间,也广泛地适用于同事、亲子等各种关系。

修行的试炼场就在你人生的每一个痛苦之处,在你每一次冲动的时候,在你每一次急不可耐的时候。

工作的问题、婚姻的问题、教育的问题、生死的问题,哪里有问题，哪里就是我们的试炼场。

直到我们可以直面得失，并有一种舍我其谁的感觉，我们就解脱了；直到我们可以直面生死，并有一种视死如归的精神，我们就大悟了。

修行的目的不是为了与世隔绝，而是为了实现人生的洒脱。因为你将拥有一种看穿事物的能力，能对世事和人心抽丝剥茧，看穿人心，直达事物本质，最终你将看到最真实的世界。

就像玩游戏，有一天，你会发现自己根本不是游戏里面的主角，而是玩游戏的那个人。

人生有两次失败

一个真正厉害的人，必须经历两次失败。第一次是因为无知，第二次是因为膨胀。能走出这两次困境的人，才会拥有真正强大的内心。

同样，世间所有的生意和投资也是如此，只有经历了这两次失败，才可以驾驭未来。

人生第一大节点：因无知而失败

初生牛犊不怕虎，每个人在初闯江湖的时候，都有与生俱来的冲动，天不怕地不怕的。

这种冲劲会让我们尝到一些甜头，会让我们以为成功就是这么简单，只要放开干就可以了。然而，往往在我们干得最起劲的时候，会遇到一些意想不到的事，让我们措手不及。

这之后，我们会遭受一次重大的打击，严重到甚至会让我们两手空空。这时，很多人才如梦初醒，原来，我们把一些事、一些人想得太简单了。

此时你才能深刻理解了什么叫无知者无畏。但千万不要从此一蹶不振，你还有从头再来的机会。

吃一堑长一智，由此你开始反省并重新学习。一旦振作起来，你很快就会再次踏上征程。这一次你稳健了很多，一步步朝下一个高峰迈进。

人生第二大节点：因膨胀而失败

再次踏上人生征程，你已经变得沉稳和成熟。

你看透了很多事，也看透了很多人，更看透了很多局。你不再冒进，也不再轻信；你稳扎稳打，如鱼得水。

很快，你获得了比第一次更大的成功。你看到了更多的风景，得到了更多的荣誉。

这时，你认为自己体验到了真正的成功。所有人都来道贺，所有人都来捧场。慢慢地，你认为周围的人都无法理解你，你变得孤独又傲慢。但是，就在你认为一切都稳固如山，一切都理所当然的时候，某个事件引发了一系列变动。于是，那些曾经逢迎和巴结你的人都开始远离你。墙倒众人推，顷刻间，你的事业坍塌了。

没错，这就是人生的两次失败。

只有少数人能挺过第二次失败，再一次站起来。他们在经历了两次失败之后，会再一次审视自己。

洗心革面后，一切傲慢和偏见都会从内心祛除。这时，人不再单纯追求成功和得失，而是把自己定位为社会资源的配置者。

在这种心态下，你会获取更多的财富，但再多的财富都只是你人生的副产品。

每个人的人生都不一样，你的道路你怎么选？

有的人一生平平淡淡，从没有发过光；有的人倒在了第一次的失败里，从此暗淡无光；有的人倒在了第二次的失败里，从此一蹶不振。

两次失败，其实是人生最好的两次跳板。如果你正在经历失败，千万不要气馁，这往往是一场考验。

送人玫瑰

钓过螃蟹的人或许都知道，竹篓中放一只螃蟹，必须盖上盖子，否则它就会爬出来。但如果多钓几只放进去，就不必盖上盖子，这时螃蟹是爬不出来的。这被称为"螃蟹定律"。这是为什么呢？

当有两只以上的螃蟹在篓子里时，每一只都会争先恐后地朝出口处爬，但当一只螃蟹爬到篓口时，其余的螃蟹就会用大钳子抓住它，把它拖回下面，而另一只螃蟹会踩着它向上爬。如此循环往复，没有一只螃蟹能够成功爬出篓子。

这就是螃蟹式的心理：如果我过得不开心，那么我就想看到别人也不开心；如果我爬不上去，那么我就拉住别人，让别人也爬不上去。

绝大多数人痛苦，并不是因为自己的平庸而痛苦，而是因为看到身边人比自己成功，或者身边有人忽然超过了自己而痛苦。

他们更乐意看到身边的人失败，并因此而获得心理上的满足以及情绪上的宽慰，这种感觉甚至比自己取得成就还快活。

只要你过得比我好，我就受不了；只有你过得惨淡痛苦，我才能与你惺惺相惜。

这其实是人性里恶的一面，也是典型的小人物格局。更有意思的是，这种心理在熟人之间更加强烈。更有甚者，会偷偷地暗算你。世上最可怕的，不是来自敌人的明枪，而是来自身边人的暗箭。

电影《东邪西毒》中说："任何人都可以变得狠毒，只要你尝试过什么叫嫉妒。"

我们为什么总是见不得别人好？其实，每个人内心深处都有一种对尊严的自我保护机制，它是与生俱来的。它会不停地暗示你，只有自己的想法、喜好才是最合理的。

当大脑判断出外界的人和事超出自己认知的范围时，这些信息就会令我们感到无知、无能。这时，自我保护机制就会迅速启动，在大脑里收集一切线索去证明对方是因为客观因素而侥幸成功的，如果自己有同样的客观条件，只会比他们更好。

万一这些成功人士是自己身边非常熟悉的人，内心的保护机制会更加强大。就像上学的时候，我们热衷于讨论学习好的人都是书呆子没出息，长大之后则认为，同事升职了是因为会拍领导马屁，同学创业成功了是因为家里给了巨额的启动资金。

如果上述原因都找不到，还有最后一招撒手锏，他们就是运气好。

所以，我们看到同事升职加薪了，就讽刺他不是溜须拍马就是潜规则；看到别人成了人生赢家，就说人家赚黑心钱，或者机遇好，没什么大不了。这是对他人极度刻薄的表现，带着满满的恶意。

别人成功靠运气，我成功则靠实力；别人失败是他傻，我失败则怪时运。

比不上别人，索性就诋毁他，诅咒他，这样自己心里就会很舒服。所以，王小波说："人的一切痛苦，本质上都是对自己无能的愤怒。"

嫉妒他人是一种不幸，然而很多时候，我们宁肯去证明别人的不幸，也不肯面对自己的不幸。

生活已经很难了，为什么还要互相为难？

其实，人和人的区别就在于：有的人将自卑转化成不断提升自己的动力，有的人却将自卑转化成对别人的羡慕、嫉妒、恨。

生活在一个远不如你的人群中，和生活在一个都比你厉害的人群中，显然后者对你更有利。因为，你永远都能借势，甚至被捎带着进步。

而很多人宁可生活在一个都不如自己的人群中，宁可被连累，宁可被扯后腿，宁可互相排挤，也不愿意看到身边的人飞黄腾达。

你身边的人如果都发达了,你也不会差到哪里去;你身边的人如果先后落魄,你又能好到哪里去呢?

身边都是富人,总比身边都是穷人好;身边的人有钱了,总比外人有钱要好。

在关键时刻能拉你一把的人,一定是和你熟悉的身边的人,而那些陌生人,再有能力也可能给不了你丝毫帮助。

喜欢送花的人,周围满是鲜花;偷偷种刺的人,身边满是荆棘。善待身边的人,其实是在给自己机会。

嫉妒身边的人,会让自己陷入万劫不复。见不得身边的人好,其实就是在断自己的后路,最终受害的还是自己。

大家好,才是真的好,双赢才是最高境界的赢。送人玫瑰,手留余香,成就别人,才是成就自己的最好办法。

养生修心

强制性地压抑自己的欲望，那不叫养生，那叫自虐。

其实，这个世界上根本就没有所谓的养生秘籍，这个世界上也没有放之四海而皆准的道理，更没有直接拿来就可以用的办法。

别人最多能给你一些启示，所有外界的道理都必须结合自身特点，需要你自己去悟。

别人传授的经验和总结，你要是直接拿来用，基本上都是失败的。纸上得来终觉浅，绝知此事要躬行。

养生的关键在于养心，然而，现在的人普遍浮躁焦虑，能做到心如止水的人实在寥寥无几。

每个人的特征不一样，所处的环境也不一样，我们应该找到自己和自然最融洽的相处方式，而不是非得去吃什么，或者遵守某种行为规则。

养生最需要的是什么？是一颗强大的内心，不受外界牵绊。

心的第一大忌讳是乱

心乱了，一切都会失常。

心平则气和，气和则血顺，血顺则精气足，精气足则神旺。人活着就讲究一个"精气神"，这时，人的抵抗力和免疫力会非常顽强。

其实，无论是打仗还是做销售，或者是创业，人都必须有一种昂扬的状态，才可能战胜困难。

故治病当以"摄心"为主。有的人内心太脆弱，比如忽然得知自己得了重病，内心瞬间就坍塌了，这就麻烦了。

人在生病的时候，一定不要有怨恨心，抱怨上天不公，抱怨命运坎坷。只要内心能安定，坦然处之，接下来都是小问题。

为什么那些参透大道的人，身体更健康，因为他们精通世界万物的运转逻辑，明白苦难是人生的一部分，明白起伏才是人生的常态。所以，当他们面对挫折的时候，并不会抱怨，而是坦然面对。

万事万物都有规律，任何事物都要经过"生、长、收、藏"四个过程。春种，夏长，秋收，冬藏，每个阶段都有自己的特点。

在潜龙勿用的阶段，就应该埋头苦干；该养精蓄锐时，也别着急出人头地；如果经历突发的苦难，说明前面将有更大的收获。人要是有了这种意识，到了这种境界，很难做到内心不淡定。

心的第二大忌讳是贪

做人，千万不要贪图那些不属于自己的东西。

一个贪字会让人心神错乱，鬼迷心窍，行为乱了套。引起身外的祸乱还是小事，让自己身体的运转也乱了套，才是大事。

人只要贪，必然会透支自己的身体去索求更多东西，贪得无厌的背后就是透支无度。短时间内，身体的毛病不会显现，但只要显现，往往就会积重难返。

现在浮躁的环境把很多秩序都打乱了，甚至把人引入了"魔道"。所谓魔道就是造假、投机、互相坑骗，这些把人们引入无限的贪欲世界，疑难杂症肯定会越来越多。

心的第三大忌讳是恨

先有解不开的恨，才有治不好的病。

如果一个人总把一切问题归因于外界，说明他们从不反省自己的问题，看不到内心的不足。

恨别人，恨环境，恨天不公，恨生不逢时，这种人会表现出愤世嫉俗的样子，他们的内心是失衡的，表现出来的言语和行为一定也是失衡的。这种人往往意志消沉、郁郁寡欢、抑郁、敏感，发展下去，身体状况可想而知。

内心没有郁结的人，才能活得通透。通透是一个人身体和心理最健康的状态。

未来的社会，一个人要想长寿健康，必须修心。

修心的秘诀，就是一个字：静。

我们要不断地提高自己与自然的共融能力，最终达到天人合一的境界。

人生最毒，乃贪、嗔、痴三毒。这三毒，才是身体的大敌。学会修心，百毒不侵。

修心，和成就、金钱都无关，只取决于一个人的觉悟。修心的好处不只是身体健康，更是为了开启我们的智慧。

战胜自己

人生的上半场,是为了战胜别人;人生的下半场,是为了战胜自己。

人生的上半场,我们披荆斩棘,过五关斩六将,一路豪情万丈。

人生的下半场,我们变得孤独,周围的对手越来越少。蓦然回首,竟然发现,我们唯一的对手是自己。

决定你人生下半场能否继续辉煌的,是看你能不能战胜自己。

一、战胜自己的傲慢

绝大多数人快乐,并不是因为富有、聪明、漂亮,而是因为他以为比别人更富有、更聪明、更漂亮。

因此,人性里有一种特质:喜欢给自己制造优越感。

我们经常看到这种场景:很多人一张口就把自己摆上了一个

优越的位置，滔滔不绝地讲很多自己的了不起之处，然后一边俯视你，一边给你讲大道理。

其实，他们不是想启示你，而是在享受自己的优越感，这就是傲慢的基本表现。

傲慢的人，也是最愚蠢的人。他们总是千方百计地给自己制造优越感，而这种优越感一旦形成，人的"死穴"也形成了，它让人沉溺在别人的仰慕里，不可自拔。别人只需要假装配合地恭维一下，就可以让他们继续沉溺在自己的优越感里，无法清醒地认识到现实。

他们只能看到别人故作仰慕的笑容，却看不到别人藏在袖子里的刀。

因此，傲慢的人总是容易被别人利用和操控。

傲慢，常常让一个人处于非常危险的境地。人生的下半场，你必须战胜自己的傲慢。

二、战胜自己的偏见

绝大多数人都活在自己的偏见里。

偏见的本质，是一个人对外界的认知层次太浅，所以就用标签识人。带着偏见的人往往因为个别人的行为，就对一个区域的人下结论、贴标签。种族歧视、职业歧视和性别歧视等都源于偏见。比如，一提到卖保险的就以为是骗子；一听说某人是某省的人（或外地人），马上就开始反感；一听说某人是某星座的，马上就说这人性格怎么样……

这种无端的揣测、过于主观的看法以及选择性接受的态度，其实都是无知的表现。

每个人都有与生俱来的偏见，这是人的基本特质之一。

心中充满偏见的人，永远无法看透事物的真相。他们视野狭隘、思想僵化、顽固不化，总有一天会因此而吃亏。

不要抱有成见，要就事论事、就人论人，我们就能根据各种细节去判断和认识各种真相。

人一旦放下成见，就可以对世事洞若观火，对人性明察秋毫，这是正确决策的基础。

人生的下半场，你必须战胜自己的偏见。

三、战胜自己的欲望

人生的上半场，我们的驱动力主要来自各种欲望，我们时常被欲望牵着走。

人生的下半场，我们必须学会控制自己的欲望，而不是继续被欲望控制。

战胜自己的欲望，就是能将欲望控制住，而不是任由欲望燃起，无法熄灭。

人生的下半场，如果还无法控制自己的欲望，任其扩张，就会为危机埋下伏笔。

学会分享,是管理物质欲望的好办法。在面对利益的时候,我们绝不能贪得无厌,不顾一切地往自己的怀里捞。

学到的要教人,赚到的要分人,财散人聚,这样帮助你的人才会越来越多,你无形中捆绑的人也就越来越多,你就会越来越安全。

要学会知止。知止不是教人不思进取、安于现状,而是教人当行则行、当止则止。奋发有为的人生,理应进取有度,这样才能获得长久的富足和安乐。

所谓无欲则刚,一个人如果能战胜自己的欲望,就会坚不可摧。

四、战胜自己的情绪

情绪,是一个人最大的心魔。

拿破仑说过:"一个能控制住不良情绪的人,比一个能拿下一座城池的人更强大。"

脾气人人都有,拿得出来是本能,压得下去才是本领。

请记住一句话:人在愤怒的那个瞬间,智商几乎等于零,杀伤力接近一百。

一个成熟的人,遇到问题的第一想法不是发火,而是思考:为什么会这样?我应该怎么做才能解决问题?或者对方为什么会这么做？他的出发点是什么？这里是否有我没想到的地方？或者我怎么才能让他意识到问题？

学会收敛自己激烈的情绪，是成熟的人必备的能力，也是一个人最重要的涵养。

人生的下半场，我们必须打败这个心魔，就像控制自己的欲望一样。我们的言行不能再受制于自己的情绪，而应该反过来控制情绪。

来看一下"怒"字是怎么写的：一个"奴"加一个"心"。当一个人发怒的时候，他就成了"心"的奴隶，就成了情绪的奴隶。

再看一下"恕"字是怎么写的：一个"如"加一个"心"。善于宽恕，才能心情如意。宽恕别人，也是在宽恕自己。

人生的下半场，我们需要明白一个道理：放过别人，就是放过自己。

五、战胜自己的格局

人生的上半场，无论你实现了多大的成就，如果你想在下半场继续有所突破，只有一个突破口，那就是提升自己的格局。

人生的上半场，我们往往都在既定的秩序里运转，我们形成了固定的思路和行为，这就是一个人的格局。

当然，我们也取得了一定的成就，但恰恰是这些成就限制了我们的思路和行为，从而限制了我们的格局。

比如，做产品的人往往只会思考怎么把产品做得更好，很少会考虑是不是可以做渠道；而做渠道的人，往往更善于优化渠道，很少会考虑是不是可以做平台。

从产品思维，到渠道思维，再到平台思维，这就是一个人格局的升级。

格局的升级，其实就是一个人整体层次的提升，它往往也是以上四种因素共同作用的结果，是一种综合效应。

当一个人能够战胜自己的傲慢、偏见、欲望、情绪的时候，自然就会战胜自己的格局。

六、为自由而战

其实，人就像生活的囚徒，现实是巨大的枷锁，世界是巨大的牢笼，无论我们怎么挣脱，都无处可逃。

因此，人生的下半场，我们都在为自由而战。

追求自由的唯一方式，就是把人生当成一场修行。

把你在俗世里遇到的每一件俗事、每一个俗人，都当成你修行的工具。

我们最终会发现：自由不在外界，自由就在自己的内心。

智商过剩

这是一个智商过剩的年代,几乎人人都在思考如何捞一把就走。当大家都急功近利的时候,那些用心和走心的人,就成了最受欢迎的人。

为什么仅仅靠智商难以再派上用场呢?

改革开放初期,市场的口子忽然打开,很多人还没看明白,那些最有胆识的人率先干开了。所以,这是胆识决定一切的时代,你有多大的胆,基本上就能成多大的事。

当市场经济发展到一定阶段,参与分蛋糕的人就会越来越多,每个行业的竞争者也会越来越多。这时,是智商决定一切的时代,你越聪明,得到的东西就越多。

到后来,竞争越来越大,法制和法规也越来越完善,这时,市场经济告别了野蛮生长期,开始纵深、精细化发展。这时,一个人要想成功,就必须依靠专注的精神,而用心是专注的标配。

这时，单纯依靠聪明或者蛮力都会寸步难行。

因此，我们正在进入一个用心决定一切的时代。

过去，我们高度评价一个人，会说他聪明能干，或者能力很强等。而现在，我们对一个人的高度评价是：这个人蛮靠谱的。

靠谱，这个如此普通的标签，在如今这个时代，竟然包含了我们对一个人最美好的期待。

在之前，有一种人很受欢迎，这种人能说会道、八面玲珑，很会做人，也很能搞定人。因为他们很会揣摩你的想法和意图，会附和你，所以这种人很善于收买人心。

但这种人，往往让你一见如故，再见平淡，三见就索然无味了。因为，靠技巧支撑起来的形象不会太长久，靠投其所好支撑起来的关系也不会太长远。

如今这个时代，这种人越来越寸步难行，因为这样的人越来越多，多到我们已经产生免疫力了。

与之相对的是那些朴实无华的人，反而越来越受欢迎，他们做事用心，做人真诚，他们不靠夸夸其谈、各种花招取得别人信任，只会踏踏实实地做事、做人，这种人反而更容易得到机会。

未来，只有那些真正有价值的东西，才能打动我们。

之前，社会信息是闭塞的，人为了赚钱可以不择手段，反正欺骗完这一个还有下一个，卖产品、卖课程、卖培训等骗局层出不穷。最后，大多数人基本上都被骗过，这导致很多做销售的只要一张嘴,别人扭头就走。

现在不一样了,互联网时代信息公开透明,所有的情况都可以被轻而易举地查到,价格、服务、背景、信用等,都一目了然。这个时候,坦诚相见反而变得很重要。

开诚布公地沟通,有一说一,有二说二,诺不轻许,这样反而更容易走进别人的内心,也更容易获得别人的信任。

我们经常说,聪明反被聪明误。

时刻以自我为中心的人,将困于人生最大的陷阱之中。

当"我"字被过分强调,就会变成"诅咒"。超脱的唯一办法是"后其身而身先,外其身而身存",忽略掉小我,才能成全大我。

这个时代真的不一样了,当众人都在互相算计,那些真正简单又善良的人,反而会让人眼前一亮,让人放心,并产生信任。

水往低处流,人往高处走。信任所在的高地,一定会聚财。然而,如今很多人依然那么自以为是:他们斤斤计较,每一个行为都要产生利润;他们睚眦必报,每一个付出都要有回报;他们尖酸刻薄,每一个结果都毫厘必争。

这是一个"忠诚"大于"能力"的时代。随着社会越来越开放,篱笆越来越少,各种诱惑会越来越多。和只有能力而不够忠诚的人在一起是非常危险的,当背叛的筹码足够大时,你一定会被抛弃。

这是一个"人品"大于"见识"的时代。在知识大爆炸的时代，人们获取信息的速度超过以往，久而久之，大部分人都会变得聪明、有见识、有远见，但"好人品"是天然的稀缺品。

这是一个"放心"大于"鼓励"的时代。在个体崛起的时代，每个人的独立性越来越强，如果大家不能彼此信任和放心，合作效率会很低。而和靠谱的人合作做事，就不会互相猜疑，不会人人自危，内耗就会最大程度地降低，合作效率会大大提升。

在迷乱不清的现实中，真正厉害的人往往懂得"抱朴守拙"，这样反而能在纷繁多变、尔虞我诈的世界中守住本心。

当大家都在变得更聪明、变得更好看、变得更勤奋时，我们最应该做的，是变得更质朴、更用心。

在这个冷峻又善变的时代，用心成了我们心灵最后的依赖。

赚钱是修行

人性里有些东西是千古不变的。比如，每个人都想获得更多，付出更少，每个人都喜欢用自己的偏见去衡量别人的价值。

于是，这就导致以下情况的发生：你认为自己给得够多了，别人总觉得还不够；你认为自己拿得很少了，别人却觉得太多了。

你每天施舍给他三个馒头，他感谢你；有一天你少给他一个，他就立刻恨你。你眼看就要交稿了，客户却总说需要再完善一下；你眼看要完成任务了，领导一换你又得重新再来。

为什么会这样呢？究其本质，是因为传统社会缺失一个客观的价值衡量标准，所以，每个人潜意识里都想多占点便宜。于是，人性的阴暗面，诸如贪婪、慵懒、自私，都有了发挥的空间。

生活在这个大环境，只有两种结果：你要是太讲究了，就会吃亏；你要是太计较了，就会落下骂名。

如今，情形发生了非常微妙的变化。放眼四望，越来越多的产品、服务开始标准化，我们只要花钱，几乎可以买到所有的服务。比如，送餐上门、洗衣、剪指甲、接车、水果配送、送货上门等，几乎没有用钱解决不了的事情。

这就叫"价值的标准化"，与冗繁复杂的人情关系相比，我们更愿意信任标准化的商业服务。就拿网购来说，担保交易、评价体系、货到付款、免费退换等，用这些设计好的流程和约束机制来规避人性的弱点，使一切能按照规则行事。

有人抱怨如今的社会人情味越来越淡、越来越世俗，因为只有让钱充当这把尺子，才能将一切价值量化、标准化，才可以丈量出一切价值，从而使人与人之间的信任度大大增加，人与人之间的内耗大大降低。

用钱去解决问题，就相当于把价值量化了，价值一旦被量化，很多问题就简单了。人性的阴暗面就没有了发挥的空间，互相扯皮的事就会越来越少，运作效率就会越来越高。

对于繁忙的我们来说，凡是能用钱解决的问题，尽量不要用关系。如果社会上的每个人都是这种状态，那么，经济活力和商业环境也必定被推向更繁荣的状态。

这样，我们每一个人就可以把更多的精力放在事业和其他方面的追求上。这个时代之所以美好，就在于它让我们有机会去做自己最爱做的事，做真正的自己。

每个人都最大限度地减少了对别人的依赖和求助，只需努力做好自己的本职工作，独立人格就形成了。

未来的社会，一定是高度分工和协作的。只有因势利导，才能将社会上最有效的资源流通到最合适的地方，让最合适的人去做最合适的事，我们只需要完成我们最擅长的环节，集中我们所有的精力、思想和努力将这个环节做到极致，其他环节自然有人来配合。

所以，一个社会的文明程度越高，人与人之间的关系就越简单。生产力越发达，生产关系就越透明。人和人之间为了利益，通过共同协商达成契约关系，或者为了取得共同利益结成联盟，再去取得更大的经济效益。未来社会的人际关系，一目了然。

我们不用担心人类将丧失道德，因为当人人都在讲规则的时候，道德自然会兴起。

这个时代越来越敞亮了，大家也都是有经历的成年人，就不要再遮遮掩掩了。当然，对一个整天操心柴米油盐酱醋茶的人大谈琴棋书画诗词歌赋也是不对的。

任正非说："华为人，都不是人才，钱给多了，不是人才也变成了人才。"任正非不愧是大企业家，他不仅看透了人性，还看穿了社会，深谙人成才的大道。

他明白，人最根本的驱动力来自趋利避害，只有因势利导才能引导一个人成长。

自我管理

一个人要想成功，必须学会管理自己。很多人的成功，都是以此为起点。

人一旦能管理好自己，将无往不胜。

一、管理你的资源

一个人要想有所成就，第一大前提就是管理好自己的资源。

首先，你必须明白自己有什么资源。

俗话说："靠山吃山，靠水吃水。"我们可以生来贫穷，但绝不是生来就一无所有，因为上天总会在你身边放置一些东西，供你取用。

人生的第一个阶梯，往往靠的是自身现有的资源，它可以很小，但很重要，如果这一步都做不到，就很难借用外界的资源。

知己知彼，百战不殆。很多人千方百计地去了解和学习别人，就是不愿意静下心来想想自己究竟拥有什么。总是忽略自己的资源，总在窥探别人的东西，总以为好东西都在别人那里，或者盲目地学别人的方法，结果贻笑大方。

每个人的资源不一样，因此，每个人的方法必然不一样，直接把别人的方法套在自己的身上，必然会出问题。

管理好资源的最高境界，就是万物皆不为我所有，但万物皆可为我所用。现在就是一个"链接"大于"拥有"的时代，社会开放性越来越强，只要你是有心人，身边的一切资源都可以是为你而准备的。

二、管理你的长处

一个人要有所作为，只能靠发挥自己的长处。

第一步，你要能找到自己的长处。德鲁克认为，找到自己长处的唯一途径就是回馈分析法：每当做出重要决定或采取重要行动时，你都可以事先记录下自己对结果的预期。九到十二个月后，再将实际结果与自己的预期进行比较。

这个简单的方法可以让我们发现自己的长处，时间长了你就能知道哪些事情会抑制你的发挥，哪些事情会帮助你发挥长处。

很多人抱怨自己怀才不遇，其实往往是被放错了地方。正如你是一只兔子，却在游泳队任职；你是一只乌龟，却在长跑队工作。

一定要把你所有的精力放在能让你发挥出长处的地方。是骏马，就要到草原上驰骋；是雄鹰，就要搏击长空。

三、管理你的欲望

人有欲望很正常，人没有欲望就失去了动力，失去了进取心。

关键是我们要学会管理自己的欲望，管理自己的欲望就是在欲望面前可以收放自如，而不是欲望一旦燃起，就无法熄灭，任其扩张，那一定会酿成苦果。

大部分人在嗅到利益的时候，往往趋之若鹜，然后贪得无厌，不顾一切地往自己怀里捞。然而不懂得节制，就会为危机埋下伏笔。

只有认识到过分的欲望一定会带来灾难，才能获得长久的富足和安乐。

当一个人学会管理自己的欲望，才值得拥有大成就。

四、管理你的价值观

一个人对价值观的管理，决定了他一生的路线。

很多人一生忙于赚钱，认为赚大钱就是其人生价值的最高体现。这种人很有可能为了赚钱铤而走险，做很多风险极高的事，或者为了钱可以背叛很多东西，这就很容易出问题。

因此，价值观往往决定了一个人的行事风格。一个人如果没有健康的价值观，就很难作风正派。因此，对价值观的管理，比对欲望的管理更重要。

在准备好大干一场之前，我们必须管理好自己的价值观，很多人偏激、偏执，去蛮干、硬拼，真的不敢想象这种人会做出什么事。

一个真正高段位的人，必然拥有积极的价值观，这也是一个人立于不败之地的法宝。无论遇到何种变故，你的价值观都是你最好的护身符。

五、管理你的身边人

很多人确实能力不错，也懂得节制，但事业始终处于瓶颈，是为什么呢？

这是因为他们只善于管理自己，却不善于管理别人。

很多人自己做起事来虎虎生风，但一旦和别人合作，就往往磕磕绊绊，最后索性自己单干。于是，他们只能单打独斗。

这里有一道很微妙的坎，一个人自己干得好并不算什么，还要看他能不能带动别人一起干好。管理好别人，决定了他最终的高度和位置。

千军易得，一将难求。那些真正做大事的人，一定具备极好的组织和协调能力，这种人到最后可以不用自己干，因为他们把精力都放在了指挥上。

　　要想实现这一步，你要做的不再只是管理自己，还有管理他人。管理自己属于做事，管理别人属于做人。让别人也能发挥长处，功劳超过管理好自己。

　　当然，这往往需要对人性的深刻理解，发扬人性光辉的一面，抑制人性阴暗的一面。

　　管理别人的长处，管理大家的时间，管理整个事业的进程，这些都是管理。跳出管理自己的圈子，进行更大格局的管理，这往往决定了一个人的最终成就。

　　人生就是一场管理。政治家、企业家，无不是在管理中淬炼自己。即便是个体崛起的时代，我们依然需要自我管理。

　　管理无处不在，愿你成为自己的CEO。

度你身边的人

曾经有个读者给我发私信，大概的意思是这样的：通过学习，他明白了很多道理，慢慢地开悟了，有了远大的志向。但他媳妇是一个普普通通的人，格局和智慧都不够，两人经常发生矛盾。他认为对方不够懂自己，不知道该不该离婚，前来问我的意见。

这种事情在如今很常见，很多夫妻都陷入了类似的挣扎。有的干脆就分开了，还有很多即便没有分开，也早已同床异梦。

如果你是他，你会如何应对这个问题？

其实，一个人最大的功德，就是度身边的人。

一定有很多人会说，自己志在四方，想帮助更多的人，希望有更大的成就。

但同时我们要明白一个道理：如果连身边最亲近的人都拯救不了，何谈帮助那些遥远的人？

其实，世界上有很多这样的人，他们认为自己胸怀天下，志向远大，大到想成就无数的人，甚至想普度众生。

但低头一看，他连自己身边最亲近的人都度不了，成就不了。这和"一屋不扫何以扫天下"是同样的道理。

很多人舍近求远，从本质上来讲，其实是想逃避现实的各种痛苦，因为改变身边的人是现实的，而成就大众却是遥远又虚幻的。他们宁可让一个虚幻的任务承载自己的理想，也不愿意面对现实的各种具体问题。

他们对眼前的问题视而不见，却对遥远又虚幻的外界摩拳擦掌，跃跃欲试。所谓改变世界也好，普度众生也好，其实都是逃避现实的借口。因为身边的人带来的问题才是最实实在在的，是需要当下一个个去解决的，而那些梦想和志向只需要张一下口就来了。

衡量一个人有没有足够的能力，就看他是否愿意面对现实，解决现实问题，追求解决更大、更远的目标。

那么，如何才能度得了你身边的人？

其实很简单，无论他多么无知、多么任性、多么浅薄，你都要有足够的胸怀去容忍他、有足够的智慧去开导他、有足够的耐性去指引他。

如果你做不到，也许是因为你自己的境界和水平还不够高，你要继续提升自己，直到你可以做到为止。

的确，有时忍让很痛苦，不被理解很痛苦，对牛弹琴也很痛苦。但要知道，痛苦才是让一个人觉悟的最好方法。

一个人必须切实地经历这些痛苦，才能真正地理解人与人之间的各种苦难，才能懂得怎么和人相处。从这个角度来讲，这个人又何尝不是在度你？

俗话说："百年修得同船渡，千年修得共枕眠。"如果人生就是一场修行，枕边人就是你修行的最好引路人。

真实地面对你们之间的每一个问题，凡是让你觉得痛苦的地方，都是你修行的地方。

其实，很多夫妻耗尽一生给对方打差评。他们各自对外都是客客气气的，就是对自己的另一半非常不耐烦，甚至是看到就烦，说的每一句话都是带着情绪的。

而这些时候，恰恰是提高自己心性的最好时机。当你忽然想发火的那一瞬间，如果能压制一下自己的情绪，体谅对方的难处，好好沟通，这就是修行。

如果你能连续十次这样压制住自己，这时，你的心性就磨炼出来了，你就会明白什么叫沟通、什么叫理解、什么叫掌控人性。

这个方法同样适用于父母和孩子之间、上司和下属之间、朋友之间。

当一个人能够将自己的情绪收放自如，那么，无论到了什么场合，他都是能控场的人。

因此，我们度身边的人，实际上是借身边的人来度自己。

因为只有他们才是最实实在在的，只有那些实实在在的东西才能度得了我们。

所以，学会度你身边的人吧，一旦你能度得了身边的人，使他们从无知走向智慧，然后取得一定的成就，那么，你也一定能度得了更多的人，一定能成就更多的人。而一个人能成就的人越多，自己的成就就会越大。

一个人的功德，是从度身边的人开始的。

人生"三不争"

人生在世，必须铭记三句话：千万不要和小人争利，千万不要和蠢人争理，千万不要和君子争名。

不和小人争利

小人永远都是以利益为先的，他们在利益面前会迷失自我，也会为了得到利益而使出各种手段。因此，如果我们和小人争夺利益，往往会被他们暗算。

把利益让给小人，小人往往都自有对手，让小人去磨小人，是让他们彼此"成全"的最好办法。

争利，应该和君子争利，因为君子的竞争是光明正大的竞争，真正的竞争就应该是公开的。这种争利不会伤害到我们，反而会促使我们进步。

不和蠢人争理

我见过最无用的行为，就是和蠢人争理。

很多愚蠢的人都喜欢争面子，因为他们往往都有一种自卑的心理。这种自卑会让他们产生一种补偿心理，即总是想在一些场合获得认同感。

因此，我们应该适当给他们面子，千万不要刺激他们脆弱的内心，更不要去讽刺他们，这往往会触发他们内心的极端情绪。

换一个角度来说，如果你和一个愚蠢的人论理，只能说明你们是同一个层次的。如果你很介意一个愚蠢的人的看法，这说明你也并不比他高明。

不和君子争名

君子最看重的就是自己的名节，声誉和地位对他们来说是至关重要的东西，因此在关键时刻，我们应该把名声让给他们。

而且君子往往不会过于看重眼前的利益，他们甚至敢于舍弃自己的利益。

如果你和君子争名，你必将牺牲极大的代价才能换回名望，这是得不偿失的。

跟君子共事，把名望让给他，你就能得到利益。

跟小人共事，把利益让给他，你就能得到名望。

跟蠢人共事，把道理让给他，你就能得到尊重。

无论何时何地,我们必须知道:你面对的是什么人?他要的是什么?

如果他想要的你能满足他,那么你一定能顺势得到你想要的。

最后,大家要记住一句话:"对症下药"不如"对人下药"。

世界上没有通用的方法,面对不同的人,应该采取不同的策略。

做一个好人

在大数据和云计算时代,我们都是透明的。每一天、每一个人、每一个行为,都会被精准地记录下来:你和谁通过几次电话?用了哪几个软件?微信聊了什么关键词?在网上买了什么东西?住了哪里的酒店?乘坐了哪一班高铁或飞机?去了哪几个场所?这些全部会被记录下来,形成一个个行为轨迹。

不要以为你住酒店的时候没有登记,或者你坐车的时候没有买票,就查不到你的信息。要知道,有一种技术叫人脸识别系统,当你进入酒店和车站的那一刻,你的行踪就被记录了。

不要以为你藏起来就没人知道,只要你打开手机,基站就可以迅速获得你的方位角,通过手机信号就可以算出你和基站的距离。三个基站同时工作,就能精准地确定你的位置。

不要以为你们偷偷聚会就没人知道,要知道,每一个人都是有身份标签的。当某一种敏感标签同时出现在一个地点,说明你们又在"密谋"什么了。

所以,在这个时代,我们千万不要以为自己每天做的那些事没有人知道。其实,只要到了关键时刻,这些都可以被随时调取。

没错,人类正从"蜂窝"时代升级到"广场"时代。

所谓"蜂窝"时代,就是没有互联网、没有大数据的传统年代。那时候的社会结构就像一个个小蜂巢,我们不知道里面发生了什么事,聚焦了什么样的人,这就很容易形成不同的小群体。管理者无法掌握所有人的习性和行为,这就给投机和犯罪带来了各种便利。

所谓的"广场"时代,是指互联网的发展让人类的一切都被串联并呈现了出来。如今这个社会,每个人都要在大庭广众之下工作和生活,每个人都在无形中被监督,而且,社会的边界和篱笆越来越少,流动性和协作性大大增强。

这就好比复杂暗淡的夜空,一下子变得明朗了。

没错,世界变天了,一切都明朗了。

你以为你所做的一切都是你的自由,是你的隐私,但处于高维空间的人看你就像我们看蚂蚁一样。

比如,之前我们看到的每个网站的页面都是一样的,因为这些页面是统一面向所有人的。

而现在,有心人早就发现了一个事实:每个人看到的淘宝、今日头条、微信公众号、百度等页面都是不一样的。因为这些网站或手机应用软件，早就根据我们的阅读和点击习惯追查到了我们每一个人的爱好和需求。

看看淘宝的首页吧，展示的产品一定是你经常留意的；今日头条的新闻一定是你最关心的领域；再看看百度下面的购物、广告、招生、游戏等信息，全部都和你的个人符号息息相关。而且这些网站之间会互相交换和打通数据，它们甚至比我们更加了解我们自己。比如，当你在浏览今日头条的时候打开淘宝，或者当你看微信公众号的时候打开京东，上面显示的商品一定是你浏览过的。

社会正在从"千篇一律"升级到"千人千面"。未来，每个人都会沉浸在自己的世界里，而且越来越沉溺，甚至无法自拔。

又如，有一个非常有意思的现象：我最近收到了各个银行发来的短信，告诉我可以申请多少贷款额度，因为银行已经追踪到了我最近的看房行为，再结合我的房贷和收入情况，它们知道我需要什么，并且能计算出我是它们的合格客户。

你的收入来源是哪里？收入有多少？缴的税是多少？通常在哪里消费？这些同样都会被清晰记录，不要再想偷偷摸摸做什么事了。

公司必须正规化，税收、社保、个税必须按正规流程走，因为这些数据都会被详细记录。

投机的机会将越来越少,因为传统的投机行为只发生在野蛮发展时代。如今,社会越来越精细化,每个人必须精耕细作,脚踏实地地做事才能谋得一席之地。

如今,一个人身上最值钱的是什么呢?是信用。金融机构将越来越看重个人信用,而不是看固定资产。比如,现在各种互联网金融平台都是根据个人信用度来确定这个人可以贷款的额度,芝麻信用成了个人信用的重要参考信息。

如今,一个人有没有犯错,需要为犯错付出多少代价,不再是由某一个机构人为决策,而是由数据记录,到一定程度就会有相应的措施自动施加。比如,你在这里违规了,那么你的芝麻信用就会自动扣分,于是乎你的权利也变小了。

以往,每一个人作为价值创造者,需要公司或单位去分配对应的价值,如奖金、提成等。

而现在,每个人创造的价值都能被精准记录与分配,并及时兑现,而且非常透明、公开。再随着区块链的发展,每个人的信用价值时刻被记录存档,任何机构都无法更改。

我们正在进入自律性社会,因为在"平台+个体"的时代,每一个个体都会被平台时刻监督。阿里巴巴可以关闭一个淘宝(天猫)店,腾讯可以封锁一个自媒体,抖音可以封杀一个网红,滴滴可以停掉一个司机的账号,美团也能停掉一个餐厅的线上生意,等等,只要他们认为你违反了规则,就可以随时惩罚你。

以上这些，都在逼着我们时刻检讨并纠正自己的行为。

我们会发现：让社会走向美好的不是道德，不是利益，而是公平的规则和制度。

我们唯一能做的，就是做一个好人。

光明磊落，是每一个人最好的通行证。